土木・環境系コアテキストシリーズ B-2

# 土木材料学

中村聖三・奥松俊博
共著

コロナ社

## 土木・環境系コアテキストシリーズ 編集委員会

### 編集委員長

Ph.D. 日下部 治 （東京工業大学）
〔C：地盤工学分野 担当〕

### 編集委員

工学博士 依田 照彦 （早稲田大学）
〔B：土木材料・構造工学分野 担当〕

工学博士 道奥 康治 （神戸大学）
〔D：水工・水理学分野 担当〕

工学博士 小林 潔司 （京都大学）
〔E：土木計画学・交通工学分野 担当〕

工学博士 山本 和夫 （東京大学）
〔F：環境システム分野 担当〕

2011年3月現在

# 刊行のことば

　このたび，新たに土木・環境系の教科書シリーズを刊行することになった。シリーズ名称は，必要不可欠な内容を含む標準的な大学の教科書作りを目指すとの編集方針を表現する意図で「土木・環境系コアテキストシリーズ」とした。本シリーズの読者対象は，我が国の大学の学部生レベルを想定しているが，高等専門学校における土木・環境系の専門教育にも使用していただけるものとなっている。

　本シリーズは，日本技術者教育認定機構（JABEE）の土木・環境系の認定基準を参考にして以下の6分野で構成され，学部教育カリキュラムを構成している科目をほぼ網羅できるように全29巻の刊行を予定している。

　　　A分野：共通・基礎科目分野
　　　B分野：土木材料・構造工学分野
　　　C分野：地盤工学分野
　　　D分野：水工・水理学分野
　　　E分野：土木計画学・交通工学分野
　　　F分野：環境システム分野

　なお，今後，土木・環境分野の技術や教育体系の変化に伴うご要望などに応えて書目を追加する場合もある。

　また，各教科書の構成内容および分量は，JABEE認定基準に沿って半期2単位，15週間の90分授業を想定し，自己学習支援のための演習問題も各章に配置している。

　従来の土木系教科書シリーズの教科書構成と比較すると，本シリーズは，A

刊行のことば

分野（共通・基礎科目分野）にJABEE認定基準にある技術者倫理や国際人英語等を加えて共通・基礎科目分野を充実させ，B分野（土木材料・構造工学分野），C分野（地盤工学分野），D分野（水工・水理学分野）の主要力学3分野の最近の学問的進展を反映させるとともに，地球環境時代に対応するためE分野（土木計画学・交通工学分野）およびF分野（環境システム分野）においては，社会システムも含めたシステム関連の新分野を大幅に充実させているのが特徴である。

科学技術分野の学問内容は，時代とともにつねに深化と拡大を遂げる。その深化と拡大する内容を，社会的要請を反映しつつ高等教育機関において一定期間内で効率的に教授するには，周期的に教育項目の取捨選択と教育順序の再構成，教育手法の改革が必要となり，それを可能とする良い教科書作りが必要となる。とは言え，教科書内容が短期間で変更を繰り返すことも教育現場を混乱させ望ましくはない。そこで本シリーズでは，各巻の基本となる内容はしっかりと押さえたうえで，将来的な方向性も見据えた執筆・編集方針とし，時流にあわせた発行を継続するため，教育・研究の第一線で現在活躍している新進気鋭の比較的若い先生方を執筆者としておもに選び，執筆をお願いしている。

「土木・環境系コアテキストシリーズ」が，多くの土木・環境系の学科で採用され，将来の社会基盤整備や環境にかかわる有為な人材育成に貢献できることを編集者一同願っている。

2011年2月

編集委員長　日下部　治

# まえがき

　土木構造物はその多くが公共構造物である。種類も多岐にわたり，道路，鉄道，港湾，河川などがその代表例である。構造物にはその用途に応じてさまざまな性能が要求される。どのような構造物においても，まずは，想定される外力等の作用に対して，十分な安全性を有することが求められることはいうまでもないであろう。土木構造物は，数十年から場合によっては数百年という長期にわたって利用されるものであるため，耐久性が求められることも明らかである。また，周囲の景観を損なわないことや快適に利用できることなども必要である。そうした要求性能を満足すべく，設計において使用材料の選択，構造諸元の決定が行われる。適切な材料の選択は，所要の性能を有する構造物を実現するためにきわめて重要である。材料を適材適所に利用するためには，各種土木材料の特性に関する十分な知識が必要である。多くの場合，JIS等に規定された材料を使用することが求められることから，材料規格に関する知識も必要であろう。

　以上のような背景から，多くの高専・大学の建設系学科あるいはコースにおいて，材料に関する講義が行われている。著者の一人も学部2年生を対象とした「建設材料学」（以前は「土木材料学」という名称であった）の講義を担当している。本書はその講義ノートをベースとし，15回の講義で全体を学習できるよう取りまとめたものである。

　近年，工学分野ではさまざまな新材料が開発され，それらの土木構造物への適用も検討されている。こうした材料も含めれば，土木材料には多種多様なものが存在することになるが，本書では，これまでに発行されている「土木材

## まえがき

料」に関するテキストと同様に，使用頻度の高い材料，すなわち，コンクリート，鉄鋼，高分子材料，瀝青材料および木材のみを取り上げた。1章で土木構造物の種類と使用材料，材料について知ることの重要性，材料の規格，必要とされる性質とその確認方法などについて説明し，以降の章で材料ごとに解説している。2章「コンクリート」を奥松が執筆し，それ以外を中村が執筆した。コンクリートと鉄鋼は，現在，最も多く土木構造物に用いられる材料であるため，その記述には他の材料に比べて多くの紙面を割いている。章末には，それぞれのリサイクル状況についても記した。担当著者の専門性から，鉄鋼に関する記述は他の「土木材料学」のテキストに比べ，かなり詳しくなっている。

著者らの専門が材料そのものではなく構造であることから，執筆に際しては多くのテキスト等を参考にさせていただいた。いくつかの図，写真については転載もさせていただいた。それらは本文中に明示するか，巻末の引用・参考文献にリストアップしている。

執筆時には，できるだけ読みやすいテキストとなるよう簡潔な解説を心掛けたが，その意図が十分に達成されたか否かは読者の判断にお任せしたい。また，内容について，誤りや最新情報の抜けなどがある可能性も否定できない。読者諸賢のご意見，ご指摘をお願いしたい。

最後に，このようなテキストを執筆する機会をいただいた早稲田大学の依田照彦教授に感謝申し上げます。また，コロナ社には著者の筆の進みが遅いことで，たいへんご迷惑をおかけしました。ここにお詫び申し上げるとともに，最後まで根気強くお付き合いいただきましたことにお礼を申し上げます。本書が土木技術者を目指す学生諸君の良きテキストになることを期待しています。

2013 年 10 月

中村 聖三・奥松 俊博

# 目 次

## 1章 総 論

1.1 土木構造物と使用材料　*2*
1.2 分 類 と 規 格　*3*
1.3 力 学 的 性 質　*4*
1.4 耐　久　性　*7*
1.5 使　用　性　*8*
演 習 問 題　*9*

## 2章 コンクリート

2.1 概　　説　*11*
　2.1.1 鉄筋コンクリート構造　*11*
　2.1.2 プレストレストコンクリート構造　*12*
2.2 使 用 材 料　*12*
　2.2.1 セ メ ン ト　*12*
　2.2.2 骨　　材　*18*
　2.2.3 コンクリート用水　*26*
　2.2.4 混 和 材 料　*26*
2.3 フレッシュコンクリート　*29*
　2.3.1 フレッシュコンクリートの特性　*29*
　2.3.2 フレッシュコンクリートの各種試験　*31*
2.4 配 合 設 計　*35*

2.4.1　配合条件の確定　*36*

2.4.2　配合の決定　*37*

2.4.3　配合強度の決め方　*40*

2.4.4　配合設計例　*41*

2.5　硬化コンクリートの性質　*45*

2.5.1　圧縮強度　*45*

2.5.2　引張強度　*50*

2.5.3　曲げ強度　*51*

2.5.4　せん断強度　*54*

2.5.5　付着強度　*54*

2.5.6　支圧強度　*54*

2.5.7　疲労強度　*55*

2.5.8　応力-ひずみ曲線および静弾性係数　*55*

2.5.9　クリープ　*58*

2.5.10　乾燥収縮　*60*

2.5.11　コンクリートの耐久性　*61*

2.6　レディミクストコンクリート　*64*

2.7　特殊コンクリート　*65*

2.7.1　軽量コンクリート/重量コンクリート　*65*

2.7.2　膨張コンクリート　*66*

2.7.3　繊維補強コンクリート　*66*

2.7.4　高強度コンクリート　*66*

2.8　コンクリートの非破壊試験　*67*

2.8.1　硬化コンクリートのテストハンマー強度試験　*67*

2.8.2　ひび割れ幅・深さ　*68*

2.8.3　中性化深さの測定方法　*70*

2.9　リサイクル　*70*

演習問題　*73*

# 3章 鉄　　　　鋼

- 3.1 鉄鋼材料とは　75
- 3.2 製　造　法　77
  - 3.2.1 製造プロセス　77
  - 3.2.2 材質の制御　81
- 3.3 加工と溶接性　86
  - 3.3.1 加　　　工　86
  - 3.3.2 塑性変形による組織の変化　87
  - 3.3.3 ひずみ時効, ぜい化現象　88
  - 3.3.4 溶　接　性　88
- 3.4 性　　　質　90
- 3.5 種類と用途　95
  - 3.5.1 形状による分類　95
  - 3.5.2 構造用鋼材　99
  - 3.5.3 鉄筋コンクリート用棒鋼　103
  - 3.5.4 PC 鋼材　105
  - 3.5.5 高力ボルト　108
  - 3.5.6 溶接材料　110
  - 3.5.7 高性能鋼材　114
- 3.6 鋳　　　鉄　116
  - 3.6.1 ねずみ鋳鉄　117
  - 3.6.2 球状黒鉛鋳鉄　117
  - 3.6.3 可鍛鋳鉄　117
- 3.7 合　金　鋼　119
  - 3.7.1 ニッケル鋼　119
  - 3.7.2 ニッケルクロム鋼　119

　　　　3.7.3　ステンレス鋼　*120*

3.8　リサイクル　*121*

演習問題　*122*

# 4章　高分子材料

4.1　高分子材料とは　*124*

4.2　分　　　類　*124*

4.3　製　造　法　*125*

　　4.3.1　高分子の合成　*125*

　　4.3.2　成形・加工　*126*

4.4　性　　　質　*126*

　　4.4.1　力学的特性　*126*

　　4.4.2　耐　久　性　*128*

　　4.4.3　熱的性質　*129*

4.5　添加剤（材）　*129*

4.6　複合材料　*129*

　　4.6.1　FRP用繊維　*130*

　　4.6.2　FRPの力学的性質　*130*

4.7　用　　　途　*131*

　　4.7.1　接　着　剤　*131*

　　4.7.2　表面保護工　*131*

　　4.7.3　樹脂コンクリート　*131*

　　4.7.4　成　形　材　*133*

演習問題　*136*

# 5章　瀝青材料

5.1　瀝青材料とは　*138*

5.2　アスファルトの製造法　*139*

5.3　改質アスファルト　*140*

　　　　5.3.1　改質アスファルトとは　*140*

　　　　5.3.2　改質アスファルトの種類　*140*

　5.4　カットバックアスファルトとアスファルト乳剤　*142*

　　　　5.4.1　カットバックアスファルト　*142*

　　　　5.4.2　アスファルト乳剤　*143*

　5.5　物理的性質と試験法　*144*

　　　　5.5.1　比　　　　重　*144*

　　　　5.5.2　熱膨張係数，比熱，熱伝導度　*144*

　　　　5.5.3　粘　　　　度　*145*

　　　　5.5.4　針　　入　　度　*145*

　　　　5.5.5　軟　　化　　点　*147*

　　　　5.5.6　伸　　　　度　*147*

　　　　5.5.7　引火点，燃焼点　*148*

　　　　5.5.8　蒸　　発　　量　*148*

　5.6　アスファルト混合物　*148*

　　　　5.6.1　概　　　　要　*148*

　　　　5.6.2　アスファルト混合物の種類　*149*

　　　　5.6.3　配　合　設　計　*152*

　　　　5.6.4　性　　　　質　*152*

　演　習　問　題　*155*

# 6章　木　　　　材

　6.1　木材の種類と組織　*157*

　　　　6.1.1　種　　　　類　*157*

　　　　6.1.2　組　　　　織　*157*

　6.2　製　材　と　規　格　*159*

　　　　6.2.1　製材（木取り）　*159*

　　　　6.2.2　規　　　　格　*159*

　6.3　欠　　　　　陥　*160*

6.4 性　　　質 *160*
　　6.4.1 物理的性質 *160*
　　6.4.2 力学的性質 *161*
　　6.4.3 耐　久　性 *164*
　　6.4.4 木材の保存法 *164*
6.5 材料強度と許容応力度 *164*
　　6.5.1 材　料　強　度 *164*
　　6.5.2 許　容　応　力　度 *165*
6.6 集　成　材 *166*
6.7 単板積層材 *167*
演　習　問　題 *168*

# 引用・参考文献　*169*
# 演習問題解答　*171*
# 索　　引　*173*

# 1章 総論

## ◆本章のテーマ

本章では，個々の土木材料について学ぶ準備として，土木構造物の種類と使用材料，材料について知ることの重要性，材料の規格，必要とされる性質とその確認方法などについて述べる。

## ◆本章の構成（キーワード）

1.1 土木構造物と使用材料
    土木構造物の種類と使用材料，材料の重要性，必要とされる性質
1.2 分類と規格
    天然材料と人工材料，金属材料と非金属材料，国内規格・外国規格・国際規格（ISO）
1.3 力学的性質
    強度，変形特性，硬さ
1.4 耐久性
    材料劣化，耐久性，性能を劣化させる作用
1.5 使用性
    作業性，加工性，施工性

## ◆本章を学ぶとマスターできる内容

☞ 土木材料のことを知る必要性
☞ 土木材料の種類と分類
☞ 土木材料の規格
☞ 土木材料に必要とされる性質とその確認方法

## 1.1 土木構造物と使用材料

　構造物を建設する際には，種々の材料が用いられる。構造物の性能は用いる材料の性質に大きく依存するため，適切な材料の選択は所要の性能を有する構造物の建設にきわめて重要な事項である。建設に用いられる材料は多種多様であるが，代表的な土木構造物を対象に主として用いられる材料を示すと以下のようになる。

- 橋梁：鉄鋼，コンクリートなど
- トンネル：コンクリート，鉄鋼など
- 道路：土砂，石，アスファルト，コンクリートなど
- 鉄道：土砂，砂利，鉄鋼，コンクリートなど
- 港湾：土砂，石材，コンクリート，鉄鋼など
- 河川：土砂，コンクリートなど

　一般に土木材料に要求される性質として，工学的性質，経済性，入手の容易性などが挙げられる。工学的性質には，作業性，静的荷重・衝撃荷重などに対する強度，弾性係数や伸び性などの変形に関する性質，天候・磨耗・さび・薬品・生物などの作用に対する耐久性，重さや硬さ，水・火・熱・音に対する性質などがある。

　以上に述べた性質のうち特に重要となるものは，構造物の種類によって異なるが，一般に経済性，工学的性質としての強度と耐久性である。これは土木構造物の多くが大規模な公共構造物であり，建設費に占める材料費の割合が比較的高いこと，50年や100年という長期にわたって安全性・使用性を確保する必要があることによる。

　コンクリートと鉄鋼材料は，所要の強度や耐久性を経済的に満足することができる材料として，現在，多くの構造物に用いられている。

## 1.2 分類と規格

〔1〕**分類**　土木材料の種類は多く，さまざまな観点で分類することが可能であるが，一般に以下のように分類することができる。

- 金属材料
    - 鉄，鋼，鋳鉄，アルミニウム，ステンレス，チタンなど
- 非金属材料
    - セメント：コンクリート
    - セラミックス：粘土製品，れんが，タイル
    - 瀝青材料：アスファルト，タール
    - 高分子材料：熱可塑性樹脂，熱硬化性樹脂，エラストマー
    - その他：木材，石材など

〔2〕**規格**　材料を使用するにあたって，性質およびそれを確認するための試験方法，製品の形状・寸法などが規定された各種規格を満足していることが求められる。

わが国には，工業標準化の促進を目的とする工業標準化法（1949年）に基づいて制定された国家規格である日本工業規格（JIS）があり，2013年3月末現在，10 399件が制定されている。JIS規格は19分野に分類されているが，建設材料に関する規格は，A（土木および建築），G（鉄鋼），R（窯業）の3分野に多く含まれている。なお，各JIS規格には，例えば"JIS G 3102 機械構造用炭素鋼"というように，分野を表すアルファベット一文字と原則として4けたの数字との組合せから成る番号が付与されている。

JISに相当するアメリカ，ドイツ，イギリス，フランスの国家規格は，それぞれASTM，DIN，BS，NFという略記号で表される。最近では，ヨーロッパ共通の規格としてユーロコード（Eurocode）が制定されている。また，国際規格としてISOがある。

## 1.3 力学的性質

材料の力学的性質として,強度(静的(引張,圧縮,せん断)強度,衝撃強度,疲労強度),変形特性(応力-ひずみ関係,弾性係数,ポアソン比,クリープ,リラクセーション),硬さなどが挙げられる。

以下で,これらの力学的性質を調査するための代表的な試験について概説する。

〔1〕**引張試験** 引張試験 (tensile test) は,試験片に対して,破断するまで比較的短時間に引張力を加え,引張力と変形の関係や,塑性化したり破断したりする荷重を調査する試験である。通常,加えた荷重は単位面積当りの値である**応力** (stress) と,元の長さに対する伸び縮みの割合である**ひずみ** (strain) の関係として整理される。応力とひずみの関係は材料によって異なるが,一般的な構造用鋼材の場合,**図1.1**に示すような形状となる。この応力-ひずみ曲線や破断時の変形状態等から,引張試験では,一般に以下に述べるようなパラメータを求める。なお,金属材料に関するJIS規格として,JIS Z 2201「金属材料引張試験片」およびZ 2241「金属材料引張試験方法」がある。

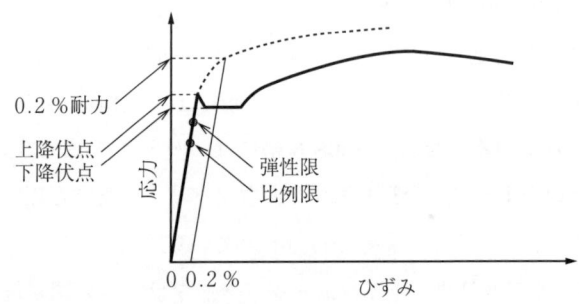

図1.1 一般的な構造用鋼材の応力-ひずみ曲線のイメージ

〔**a**〕**弾性係数** 弾性係数 (modulus of elasticity) は応力-ひずみ曲線の勾配であり,ヤング係数ともいう。勾配のとり方により,初期接線係数,接線係数,割線係数の3種類(**図1.2**参照)が考えられる。降伏前の鋼材のよう

## 1.3 力学的性質

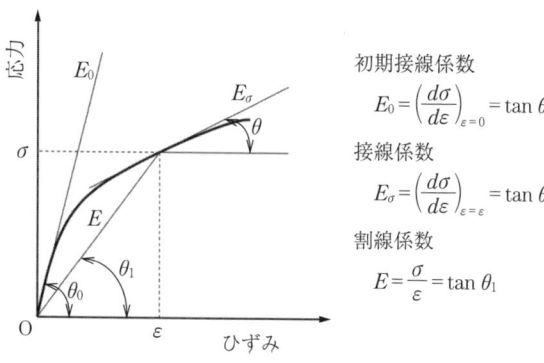

**図1.2** 弾性係数の種類

に応力とひずみが比例関係にあれば，この三つは一致する．コンクリートは，載荷初期から応力-ひずみ関係が非線形になるため，設計で用いる弾性係数は，圧縮強度の1/3点に対する割線係数で定義されている．

〔**b**〕 **ポアソン比** ポアソン比（Poisson's ratio）は荷重載荷方向のひずみとそれと直交する方向のひずみの比であり，次式で定義される．

$$\nu = -\frac{横方向ひずみ}{縦方向ひずみ} \tag{1.1}$$

〔**c**〕 **延　性** 延性（ductility）は試験片が破断するまでの変形能であり，伸び率（あるいは伸び），断面収縮率（あるいは絞り）を指標として評価される．それぞれの定義を次式に示す．

$$伸び = \frac{l_f - l_0}{l_0} \times 100 \ [\%], \qquad 絞り = \frac{A_0 - A_f}{A_0} \times 100 \ [\%] \tag{1.2}$$

ここに，$l_f$ は破断後の標点間距離，$l_0$ は元（試験前）の標点間距離，$A_f$ は破断面における断面積，$A_0$ は元（試験前）の断面積を表す．

〔**2**〕 **衝撃試験** 材料は一般に，衝撃的な荷重に対して脆性的な挙動を示す．このような急速な載荷条件下での材料のぜい性を評価するのが**衝撃試験**（impact test）である．

試験片に衝撃荷重を与える方法として種々のものが提案されているが，一般的に用いられているのは，シャルピー試験（**図1.3**）とアイゾット試験であ

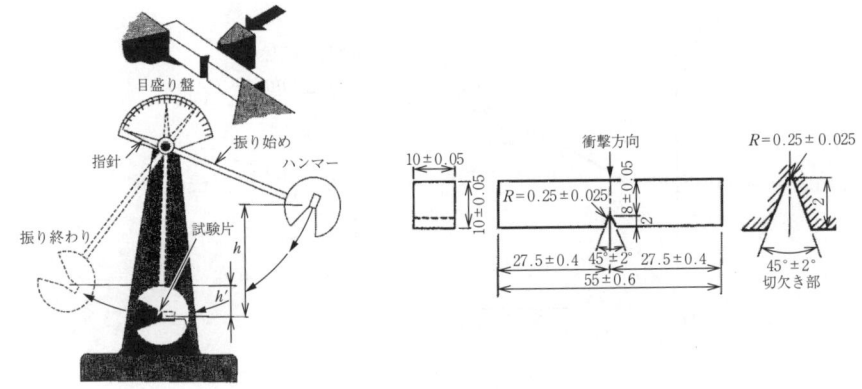

(a) 試験方法　　　　　　　(b) 試験片

図1.3　シャルピー試験

る。両試験ともにノッチ付き試験片をハンマーで打撃したときの衝撃値を評価する方法であるが，前者は試験片の両端を支え，ノッチ部の背面をハンマーで打撃するのに対し，後者は試験片の片端を固定し，反対側をノッチの付いている方向からハンマーで打撃する。いずれの試験においても，試験片が破断する際に吸収されるエネルギーによって，材料のじん性が評価される。

「金属材料のシャルピー衝撃試験方法」がJIS Z 2242に，「プラスチックのアイゾット衝撃強さの試験方法」がJIS K 7110に規定されている。

〔3〕**疲労試験**　土木用語大辞典によれば，**疲労**（fatigue）とは，構造物や材料が繰返し荷重を受けて強度が減少する現象である。より具体的には，繰返し荷重によってき裂が発生し，それが進展する現象であるといえる。土木材料で問題となる可能性がある疲労現象には以下の三つがある。

〔**a**〕**高サイクル疲労**　**高サイクル疲労**（high cycle fatigue）は疲労寿命が10万回程度以上の疲労であり，弾性疲労ともいう。疲労寿命は応力範囲の関数として表される。

〔**b**〕**低サイクル疲労**　**低サイクル疲労**（low cycle fatigue）は疲労寿命が1万回程度以下の疲労であり，塑性疲労ともいう。疲労寿命は塑性ひずみ範囲の関数として表される。

〔c〕 **腐食疲労**　腐食疲労（corrosion fatigue）は，応力が繰り返し負荷されることによって応力腐食割れの進行が著しく促進される現象である。

疲労試験（fatigue test）はこれらの疲労現象に対する材料の強度を求めるものであり，小型試験片あるいは大型の試験体に繰返し荷重を載荷し，破断までの繰返し回数やき裂の発生，進展状況を調査する。

〔4〕 **硬 さ 試 験**　硬さ試験（hardness test）では，一般に，基準となる物体を対象に押しつけてできるくぼみの大きさで，硬さが測定される。代表的な試験として，JIS Z 2243 に規定されているブリネル試験，Z 2244 に規定されているビッカース試験，Z 2245 に規定されているロックウェル試験がある。基準となる物体として，ブリネル試験では直径 $D$ の鋼球，ビッカース試験では対面角 136°の正四角錐(すい)のダイヤモンド，ロックウェル試験では円錐状のダイヤモンドまたは鋼が用いられる。

〔5〕 **クリープ試験**　クリープとは一定応力下で時間とともにひずみが増加する現象であり，建設分野では，おもにコンクリート構造で問題となる。**クリープ試験**（creep test）については，「コンクリートの圧縮クリープ試験方法」が JIS A 1157 に，「金属材料のクリープ及びクリープ破断試験方法」が Z 2271 に規定されている。JIS では，これら以外にも，ゴム，プラスチック，ファインセラミックス等のクリープ試験方法が規格化されている。

〔6〕 **応力緩和試験**　クリープとは逆に，一定ひずみ下で応力が時間とともに減少する現象を応力緩和（リラクセーション）という。例えば，張力を導入したケーブルが時間とともに緩んでくる現象などがこれにあたる。**応力緩和（リラクセーション）試験**（stress relaxation test）については，「金属材料の引張リラクセーション試験方法」が JIS Z 2276 に規定されている。

# 1.4　耐　久　性

社会基盤施設は長期間にわたり使用される。したがって，使用される材料に

ついても，施設の使用期間を通じて，力学的特性をはじめとする各種性質が要求される水準を下回るような劣化を生じないことが求められる。代表的な土木材料の劣化として，コンクリートの中性化や鋼のさびが挙げられる。また，性能を劣化させる作用には，気象作用，機械的すり減り作用，物理的作用，化学的作用，生物的作用などがある。

　現在，一般に用いられる材料は，こうした作用を受けると程度の差こそあれ，必ず劣化する。したがって，使用材料の選定においては，どのような作用に対してどの程度の劣化が生じるかを適切に予測するとともに，有効な対策を施す必要がある。その際，個別の材料の耐久性だけではなく，異なる材料間の長期適合性（例えば，異種金属接触腐食の発生可能性など）についても配慮が必要である。これは，構造物には複数の異なる材料が組み合わせて使用されることが多いためである。

　実環境，特に自然環境下における材料の耐久性の確認には長期間を要するため，各種促進試験が用いられることが多い。塗料の一般試験方法の規格であるJIS K 5600 には，促進耐候性および促進耐光性の試験であるキセノンランプ法や塩水噴霧・乾燥・湿潤を組み合わせたサイクル腐食試験方法が規定されている。また，JIS G 0594 には「無機被覆鋼板のサイクル腐食促進試験方法」が規定されている。

## 1.5　使　用　性

　材料の使用性は，取り扱いの容易さ，作業性，加工性，施工性などを含む概念であるが，一部の性能を除き，一般に定量的に表現することは困難である。

　代表的な土木材料であるコンクリート，鋼材，木材，石材は，その使用性に一長一短があり，すべての観点で優れた材料というものはない。その中で木材は，強度が比較的高いのに加えて比重が小さく，簡単な道具で容易に切断，接合等の加工ができるため，総合的に使用性に優れた材料ということができる。木材に比べると，コンクリートや鋼材の使用性は劣るが，他の材料に比べると

比較的良好であると考えられる。使用材料の選定において，材料のどのような点に問題があるかを使用性という観点から検討し，必要な対策を講じることも，耐久性の場合と同様に重要である。

## 演習問題

〔1〕 建設分野における代表的な構造物を挙げ，それらに使用されるおもな材料を示せ。

〔2〕 土木材料に要求される代表的な性質を列挙し，それぞれについて簡潔に説明せよ。

〔3〕 土木材料にかかわる規格について説明せよ。

〔4〕 土木材料の力学的性質を調査するための試験方法を二つ挙げ，それぞれについて説明せよ。

〔5〕 土木材料を劣化させる要因を列挙せよ。

# 2章 コンクリート

## ◆本章のテーマ

　本章では，コンクリートの定義と一般的な特徴を概説した後，その構成材料であるセメント，骨材，水および混和材料の分類，性質について述べる。コンクリートの品質は個々の材料の性質だけではなく，施工や養生などの条件，材齢によっても異なるので，引き続いてコンクリートの力学的な特性について概説する。本章により，コンクリート材料の特性を理解してほしい。

## ◆本章の構成（キーワード）

2.1 概 説
　　コンクリートの組成，構造の分類
2.2 使用材料
　　セメント，水和反応，凝結，骨材，含水状態，粒度，混和材料
2.3 フレッシュコンクリート
　　コンシステンシー，スランプ，空気量
2.4 配合設計
　　配合条件，水セメント比，配合強度
2.5 硬化コンクリートの性質
　　強度とその影響因子，変形に関する諸性質，耐久性
2.6 レディミクストコンクリート
　　呼び強度
2.7 特殊コンクリート
　　軽量骨材コンクリート，重量コンクリート，繊維補強コンクリート，高強度コンクリート
2.8 コンクリートの非破壊試験
　　強度，ひび割れ幅・深さ，中性化深さ
2.9 リサイクル
　　コンクリート塊および再生骨材のリサイクル

## ◆本章を学ぶとマスターできる内容

- ☞ コンクリートの材料の分類，
- ☞ フレッシュコンクリートの性質
- ☞ 配合設計法，
- ☞ 硬化コンクリートの性質
- ☞ コンクリートの非破壊試験

## 2.1 概　　説

　コンクリートとは，**水**（water），**セメント**（cement），**骨材**（aggregate）（**細骨材**（sand），**粗骨材**（gravel）），必要に応じて**混和材料**（admixture）を構成材料とし，これらを練り混ぜ，あるいはその他の方法によって一体化したものである。コンクリートの材料のうち，粗骨材のみが含まれていないものを**モルタル**（mortar）といい，骨材そのものが含まれないものを**セメントペースト**（cement paste）という。コンクリートは，セメントと水が反応（**水和反応**（hydration reaction））することにより硬化するが，硬化の前後で呼称が異なる。硬化前のコンクリートを**フレッシュコンクリート**（fresh concrete），硬化後のコンクリートを**硬化コンクリート**という。コンクリートは，鋼材と一体化することで強固な構造体とすることができ，建物やダムなどの建設に広く使われている。コンクリート構造は一般につぎのように分類される。

- **鉄筋コンクリート**（reinforced concrete, RC）
- **プレストレストコンクリート**（pre-stressed concrete, PC）

以下で，それぞれについて概説する。

### 2.1.1　鉄筋コンクリート構造

　コンクリートと鉄筋により構成される構造物を鉄筋コンクリート構造（図2.1）という。一般にコンクリートは，圧縮に対しては強いが，引張に対しては圧縮の1/10〜1/13程度と非常に弱い。引張力に対して構造物が破壊しないようにするために，鉄筋が用いられる。コンクリートと鉄筋の**熱膨張係数**は

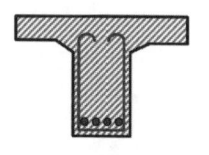
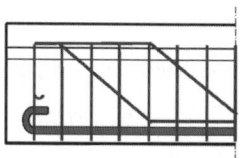

（a）RCはりの断面図　　　（b）一般図

図2.1　鉄筋コンクリート

ほぼ同じなので，外界の温度の変動に対しても一体になって挙動するという長所を有する。

### 2.1.2 プレストレストコンクリート構造

建物のはりや橋桁は，一般に上面で受けた荷重を構造体で支える役割を担っている。上面に荷重が作用することにより，上面には圧縮力が，下面には引張力が作用することになる。引張に弱いコンクリートは，下面からひび割れが発生し，進展し最終的には破壊へと至る。ここで構造体にあらかじめ圧縮力を導入しておけば，荷重が作用してもすぐに構造物自体に引張り応力が発生することはない。このような原理に基づき，プレストレスを導入したコンクリートをプレストレストコンクリート（**図 2.2**）という。

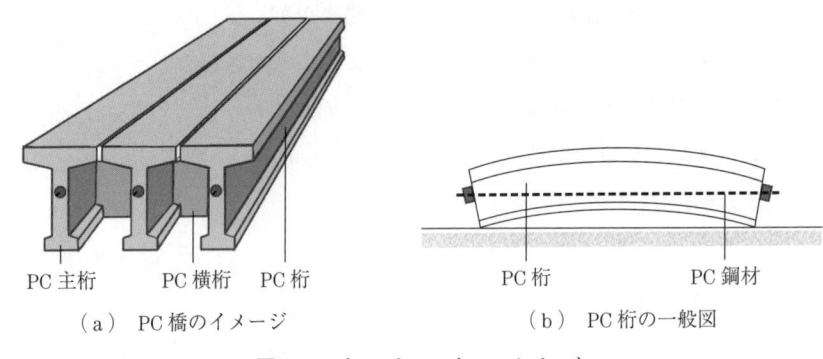

（a） PC 橋のイメージ　　　　　　（b） PC 桁の一般図

**図 2.2**　プレストレストコンクリート

## 2.2 使 用 材 料

### 2.2.1 セ メ ン ト

セメントはその材料のすべてを国内で大量に調達することが可能である。運搬を含めた取り扱いも容易であるなど利用上の利点は多い。また，セメントの特性は組成化合物や材料によって異なるので，施工条件や環境を考慮し適切なセメントを選定しなければならない。

## 2.2 使 用 材 料

〔1〕 **セメントの製造法および組成**　セメントの主原料は**石灰石**（limestone）と**粘土**（clay）である。これに**酸化鉄**（鉄さい）や**ケイ酸質原料**（ケイ石）などの原料を加えて微粉砕，さらに焼成することによって**クリンカー**（clinker，石ころ状のもの）が生成される。これに石こうを少量（2～5％程度）加え，微粉砕したものがセメントである（図2.3）。**ポルトランドセメント**において，焼結反応によって生成されるクリンカー中の代表的な組成化合物には，**ケイ酸三カルシウム**（石灰）（3CaO・SiO$_2$（略号：C$_3$S）），**ケイ酸二カルシウム**（石灰）（2CaO・SiO$_2$（略号：C$_2$S）），**アルミン酸三カルシウム**（石灰）（3CaO・Al$_2$O$_3$（略号：C$_3$A）），および**鉄アルミン酸四カルシウム**（石灰）（4CaO・Al$_2$O$_3$・Fe$_2$O$_3$（略号：C$_4$AF））の4種がある。

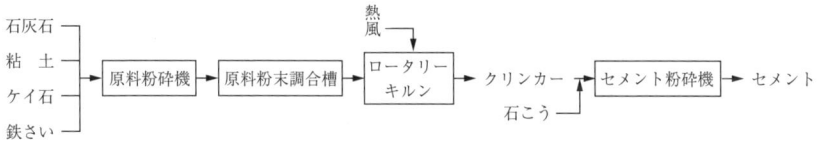

図2.3　セメントの製造過程

〔2〕 **セメントの種類**　セメントは，日本工業規格（JIS）では，ポルトランドセメント，混合セメント，およびエコセメントの三つに分類される。また特殊なセメントとして，白色セメント，アルミナセメント，超速硬セメントなどがある。

〔a〕 **ポルトランドセメント**　ポルトランドセメント（portland cement）は，普通，早強，超早強，中庸熱，低熱，耐硫酸塩ポルトランドセメントの6種類に分類され，さらに各ポルトランドセメントに対して低アルカリ型のものが設定されている。よって，ポルトランドセメントは12種類ある。

**普通ポルトランドセメント**（ordinary portland cement）は，工事用および製品用として広く一般的に用いられるセメントである。

**早強ポルトランドセメント**は，C$_3$Sを多くすることで早期に高い強度が得られ（普通ポルトランドセメントの28日強度を7日程度で発揮），長期にわたって強度が増進する。一方で水和熱が高くなるため，施工上の注意が必要であ

る。プレストレストコンクリートや工場製品などに使用される。

**超早強ポルトランドセメント**（ultra high-early strength portland cement）は，早強セメントよりさらにケイ酸三石灰（$C_3S$）を多くし，ケイ酸二石灰（$C_2S$）を少なくしたもので，早強ポルトランドセメントの3日強度を1日で発現できるが，水和熱の上昇もそれだけ大きくなるため，養生等においてより配慮が必要となる。緊急工事や寒中工事などに使用される。

**中庸熱ポルトランドセメント**（moderate heat portland cement）は，水和熱の低減を目的としたもので，$C_3S$ とアルミン酸三石灰（$C_3A$）を減少させ，さらに $C_2S$ と鉄アルミン酸四石灰（$C_4AF$）を増加させてある。水和熱の上限が規定されているので初期強度は小さいが，長期的に強度は大きくなる。マスコンクリートに使用される。

**低熱ポルトランドセメント**は，中庸熱ポルトランドセメントよりさらに $C_2S$ を増加（$C_2S$ 含有量が 40 % 以上）し，水和熱の発生をより小さくしている。乾燥収縮の影響が小さくなるため，マスコンクリート，高強度コンクリートなどに使用される。初期強度は小さく長期強度は大きい。

**耐硫酸塩ポルトランドセメント**（sulfate resisting portland cement）は，$C_4AF$ を増加させることで化学的抵抗性を向上させたもので，化学的反応によるコンクリートの劣化が起こりやすい下水管などに用いられる。

〔b〕 **混合セメント**　混合セメント（blended cement）は，混和材の種類によって，高炉セメント，シリカセメント，フライアッシュセメントに分類され，さらに混合する量によってA～C種に区分される。

**高炉セメント**（portland blast-furnace slag cement）は，高炉スラグ粉末とポルトランドセメントを混合したものである。高炉スラグ粉末はポルトランドセメントの刺激によって水硬性を持つようになる（潜在水硬性）。初期強度は小さいが長期強度は大きい。また，高炉スラグの混入割合を多くすることで水和熱を小さくでき，緻密なコンクリートとすることができるので，化学抵抗性やアルカリ骨材反応の防止効果に優れる。高炉スラグの使用量（セメントに対する混合率）で分類され，混合率が 5 % 超 30 % 以下のものはA種，30 % 超

60％以下のものはB種，60％超70％以下のものはC種とされている。

**シリカセメント**（silica cement）は，純度が高いケイ石などの粉末を混合したものである。このセメントを使用することにより，コンクリートを緻密で耐久性の良いものとすることができる。オートクレーブ養生をするコンクリート二次製品のセメントとして使用される。シリカヒュームの使用量で分類され，混合率が5％超10％以下のものはA種，10％超20％以下のものはB種，20％超30％以下のものはC種とされている。

火力発電所において微粉炭を燃焼するときに生じる灰を集塵機で集めたものをフライアッシュという。フライアッシュは人工ポゾランの一種であり，これを混和剤としてセメントに混入したものを**フライアッシュセメント**（portland fly-ash cement）という。形状は球形であるためコンクリートにしたときの流動性が良く，単位水量を減じることができるので水和熱が小さくなる。また，乾燥収縮も小さくなるという利点があるため，ダムなどのマスコンクリートに使用される。フライアッシュの使用量で分類され，混合率が5％超10％以下のものはA種，10％超20％以下のものはB種，20％超30％以下のものはC種とされている。

〔c〕 **エコセメント**　　**エコセメント**（ecocement）は，廃棄物問題の解決を目指して開発されたセメントのことである。エコセメントクリンカーは，都市ゴミの焼却灰を主原料とし，下水汚泥などの廃棄物も用いて生成される。これらの廃棄物の使用合計質量が，製品1t当り乾燥ベースで500 kg以上であるものと規定されている（2002年7月にJIS R 5214として規格化）。通常のセメントと比べて塩素成分が多いため，鉄筋を含まないコンクリート構造物に使用される。

〔d〕 **特殊セメント**　　**特殊セメント**には，白色セメント，アルミナセメント，超速硬セメント，膨張セメントなどがある。

**白色セメント**（white cement）は，ポルトランドセメントの一種で，鉄分を少なくすることで白色としている。塗装用や一般の建築用として用いられる。

**アルミナセメント**（alumina cement）は，アルミン酸三石灰を主成分とする

ボーキサイトと石灰石を原料としたセメントで，普通ポルトランドセメントの28日強度に1日で達するほど強度発現がきわめて速い。反面，長期強度については，温度が高い環境下において低下するなど，不安定である。緊急時の工事や寒冷地における工事に使用される。

**超速硬セメント**（ultra rapid hardening cement）は，超早強セメントよりさらに急速な硬化が期待できるセメントである。アルミン酸石灰を活性化させ，硬石こうとポルトランドセメントを混入することで，数時間のうちに10N/mm$^2$程度の強度を発現することができる。アルミナセメントのような長期強度の低下は見られない。緊急工事やコンクリート二次製品，床版の打替えなどに使用される。

**膨張セメント**（expansive cement）は，乾燥収縮によってコンクリートにひび割れが生じないように膨張材（カルシウムサルホアルミネート系，石灰系など）を混入したセメントである。

〔3〕**水和反応**　セメントと水を練り混ぜると，時間の経過とともに流動性が低下し，最終的に硬化する。これは，セメント粒子が水と化学的に反応することにより水和物を形成し，その水和物が粒子どうしを結びつける働きをするためである。これを**水和反応**という。水和反応は，セメントの細かさ，水の量の多少，温度などに影響される。セメントの水和反応は発熱反応であり，マスコンクリートのように多量のコンクリートを打設する場合の温度上昇は著しくなるため，水和熱を下げるための対策が必要となる。上述した4種の代表的な組成化合物の水和反応式を以下に示す。

- ケイ酸三石灰（$C_3S$）：
$$2(3CaO \cdot SiO_2) + 6H_2O \rightarrow 3CaO \cdot 2SiO_2 \cdot 3H_2O + 3Ca(OH)_2 \quad (2.1)$$
- ケイ酸二石灰（$C_2S$）：
$$2(2CaO \cdot SiO_2) + 4H_2O \rightarrow 3CaO \cdot 2SiO_2 \cdot 3H_2O + Ca(OH)_2 \quad (2.2)$$
- アルミン酸三石灰（$C_3A$）：
$$3CaO \cdot Al_2O_3 + 6H_2O \rightarrow 3CaO \cdot Al_2O_3 \cdot 6H_2O \quad (2.3)$$
$$(3CaO \cdot Al_2O_3 \cdot 6H_2O + CaSO_4 + H_2O \rightarrow C_3A \cdot 3CaSO_4 \cdot 32H_2O) \quad (2.4)$$

- 鉄アルミン酸四石灰（$C_4AF$）：

  $4CaO \cdot Al_2O_3 \cdot Fe_2O_3 + 2Ca(OH)_2 + 10H_2O$

  → $3CaO \cdot Al_2O_3 \cdot 6H_2O + 3CaO \cdot Fe_2O_3 \cdot 6H_2O$ (2.5)

水和反応により，長期において必要な強度を備えていく。強度の伸びは，環境温度および養生条件を一定としたとき，一般に打設後初期において顕著であり，時間の経過とともに緩やかになる。1か月程度で強度の伸びは緩慢となることから，コンクリート強度の指標となる材齢は4週間とされている。

〔4〕**凝　　結**　セメントは水と混合したときから水和反応が始まり，しだいに流動性を失いながら硬化していく。その過程はおもに$C_3S$と$C_3A$の発熱速度に現れる。**図2.4**に示すように，普通ポルトランドセメントを用いた場合，水和反応が活発化するのは，加水後約2〜4時間が経過したあとであり，そのときの状態が**凝結**（set）の始発を表す。凝結の終結は$C_3S$の発熱速度が最高となるあたりに生じ，その後は硬化過程に入る。

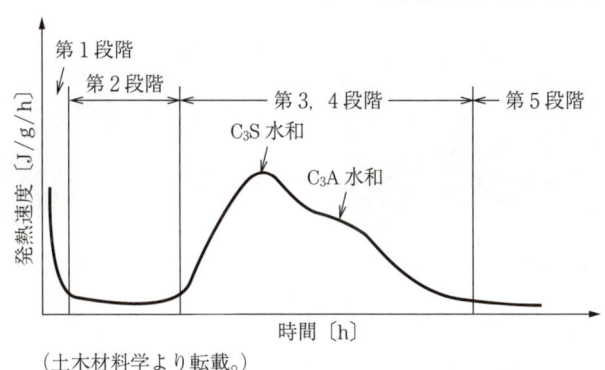

（土木材料学より転載。）

図2.4　ポルトランドセメントの水和反応過程

セメントの異常な凝結現象に瞬結と偽凝結がある。

$C_3A$の量に比べて石こうの含有量が少ないとき，$C_3A$は石こうと反応することなく，水と急速に反応し，$C_3A$の水和物が生成される。その結果，**瞬結**（flash setting）という発熱を伴う現象が生じ，一瞬にして硬化が始まってしまう。瞬結が生じるとコンクリートを練り混ぜても元のやわさに戻ることはない。

**偽凝結**（false set）とは，練り混ぜ後のコンクリートが急にこわばって一時的に凝結したような状態になる現象のことをいう。普通は，練り混ぜを再び行うことで元の状態に戻る。

### 2.2.2 骨　　　材

コンクリートをつくる際に，水，セメントとともに練り混ぜる砂や砂利のことを骨材という。コンクリートをつくる上では，砂や砂利の境界を決めた上で配合設計する必要がある。骨材は，ふるいを通過する割合で区別される。一般に，粒径5 mmより小さなものを細骨材（**図2.5**），大きなものを粗骨材（**図2.6**）というが，厳密には，10 mmをすべて通過し，5 mmふるいを質量で85 %以上通過するものを細骨材，5 mmふるいに質量で85 %以上とどまるものを粗骨材という。

図2.5　細骨材

図2.6　粗骨材

骨材は従来，河床や河川敷から採れる川砂や川砂利など，良質のものが用いられていたが，高度経済成長期以降の大幅な建設工事の増加により，自然破壊に至ることが懸念されたため，使用規制が行われた。現在は，海砂（うみずな），山砂（やまずな），陸砂利（りくじゃり）（「おかじゃり」とも読む）などが多く利用されている。また，人工的につくられた骨材（人工骨材）や，環境保護を反映して再生骨材が用いられている。

骨材には有害物質を含む場合があるため，その選定には注意が必要である。アルカリ骨材反応はその代表的な事例である。アルカリ骨材反応は，骨材中にアルカリ反応性鉱物があればすぐに発症するわけではないが，反応性鉱物を含

む骨材がある量以上存在すること，細孔溶液中に水酸化アルカリが十分存在していること，コンクリートが湿潤状態にあることの条件が重なると，コンクリート構造物がひび割れを起こし，ゲルの滲出などが発生し，最終的にはコンクリート構造物としての性能を満たすことができなくなる。

〔1〕 **骨材の品質と含水状態**　骨材の性質を表す指標として，**絶乾密度**（density in oven-dry condition），**吸水率**（water absorption），**安定性**（stability, soundness），**強さ**，**すり減り抵抗性**が挙げられる。この中で，骨材の品質を評価するために特に重要なものが，絶乾密度と吸水率である。

一般に岩石の密度は $2.6\,\mathrm{g/cm^3}$ 程度であり，コンクリート骨材として使用される一般的な骨材の密度も $2.6 \sim 2.7\,\mathrm{g/cm^3}$ 程度である。骨材は密度の大小で分類される。$2.6 \sim 2.7\,\mathrm{g/cm^3}$ 程度の密度の骨材を普通骨材という。密度が普通骨材よりも大きい骨材を重量骨材（$4.0\,\mathrm{g/cm^3}$ 程度以上），小さい骨材を軽量骨材（$2.0\,\mathrm{g/cm^3}$ 程度以下）という。

骨材の密度は内部の含水状態（図 2.7）によって異なる。**絶乾状態**（absolute dry condition）とは，骨材内部まで乾燥している状態（**絶対乾燥状態**）のことで，**絶乾密度**とはその状態における骨材の密度のことをいう。それに対して**湿潤状態**とは，骨材内部が水で飽和し，さらに表面にも水が付着している状態（図 2.8）のことである。絶乾状態にある骨材を準備するためには乾燥炉（図 2.9）を用いる。

岩石の種類が同一であれば，絶乾密度の大きなものは，一般に強度が大であ

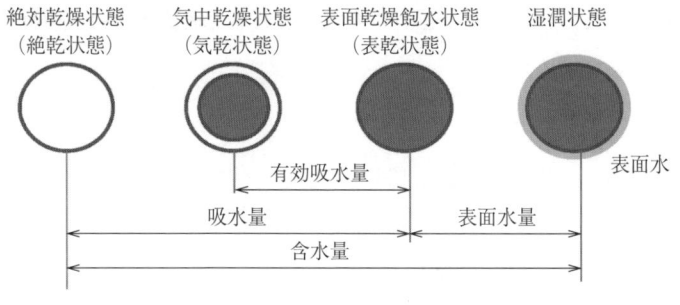

図 2.7　骨材の含水状態

図2.8 湿潤状態にある粗骨材

図2.9 乾燥炉

り,吸水率は小さくなる。これは内部空隙(げき)が少ないことによるもので,同時に凍結に対する耐久性は大となる。

**配合設計**(mix design,**示方配合**(specified mix))を行う場合,骨材は**表乾状態**(saturated surface-dry condition)(骨材内部は水で満たされているが表面には余分な水が付着していない状態)にあるものとし,計算によって配合を決定する。

〔2〕 **吸水率,有効吸水率,含水率,表面水率** 吸水率は,吸水量を絶乾状態の質量で除して求められる。骨材の空隙を表す指標となるもので,コンクリートの配合設計時,使用水量を調節するために必要となる。また,**有効吸水率**(effective absorption)とは,有効吸水量を絶乾質量で除して求めた百分率のことである。含水量を絶乾状態の質量で除して求めた百分率のことを**含水率**(water content in percentage of total weight)という。**表面水**(surface moisture)とは骨材粒の表面についている水のことで,骨材に含まれる水から骨材内部に吸収されている水を差し引いて求められる。**表面水率**は,表面水量を表乾質量で除して求められる。

以上のことを式で表せば,以下のようになる。

$$吸水率 = \frac{吸水量}{絶乾質量} \times 100 \quad [\%] \tag{2.6}$$

$$含水率 = \frac{含水量}{絶乾質量} \times 100 \quad [\%] \tag{2.7}$$

$$\text{有効吸水率} = \frac{\text{有効吸水量}}{\text{絶乾質量}} \times 100 \quad [\%] \tag{2.8}$$

$$\begin{aligned}\text{表面水率} &= \frac{\text{表面水量}}{\text{表乾質量}} \times 100 \\ &= (\text{含水率} - \text{吸水率}) \times \frac{1}{1 + \dfrac{\text{吸水率}}{100}} \quad [\%]\end{aligned} \tag{2.9}$$

〔3〕**粒　　　度**　骨材の大小粒が混合している程度のことを**粒度**という。粒度の良い骨材は，大小の粒が適度に混合し骨材の単位容積質量が大きくなる。その結果，所要のコンクリートを得るための単位水量を少なくできるとともに，セメントペーストが節約できて経済的となる。また，骨材の粒度は，コンクリートの**ワーカビリティー**（workability）にも影響を及ぼすものである。粒度は骨材のふるい分け試験（JIS A 1102）で求められる。ふるい分け試験で用いられるふるいとふるい機を**図2.10**，**図2.11**に示す。

**図2.10　ふるい**

**図2.11　ふるい機**

〔4〕**粗　粒　率**　粗粒率（F.M.）とは，呼び寸法 80 mm，40 mm，20 mm，10 mm，5 mm，2.5 mm，1.2 mm，0.6 mm，0.3 mm，0.15 mm のふるいを組み合わせてふるい分けをした結果，各ふるいにとどまった骨材の質量百分率の和を100で除したものである。大きな粒径の骨材が多く含まれると粗粒率は大きくなる。適当な粗粒率は，細骨材で 2.3～3.1，粗骨材（最大寸法が

**表2.1 ふるい分け試験結果の一例**

| ふるいの公称目開き〔mm〕 | 粗骨材 | | | | 細骨材 | | | |
|---|---|---|---|---|---|---|---|---|
| | 連続する各ふるいの間にとどまるものの質量および質量分率 | 各ふるいにとどまるものの質量分率 | 各ふるいにとどまるものの質量分率 | 各ふるいを通過するものの質量分率 | 連続する各ふるいの間にとどまるものの質量および質量分率 | 各ふるいにとどまるものの質量分率 | 各ふるいにとどまるものの質量分率 | 各ふるいを通過するものの質量分率 |
| | 〔g〕 | 〔%〕 | 〔%〕 | 〔%〕 | 〔g〕 | 〔%〕 | 〔%〕 | 〔%〕 |
| 53  {50} | 0 | 0 | 0 | 100 | | | | |
| *37.5  {40} | 270 | 2 | 2 | 98 | | | | |
| 31.5  {30} | 1 755 | 12 | 14 | 86 | | | | |
| 26.5  {25} | 2 455 | 16 | 30 | 70 | | | | |
| *19  {20} | 2 270 | 15 | 45 | 55 | | | | |
| 16  {15} | 4 230 | 28 | 73 | 27 | | | | |
| 9.5  {10} | 2 370 | 16 | 89 | 11 | 0.0 | 0 | 0 | 100 |
| *4.75  {5} | 1 650 | 11 | 100 | 0 | 25.0 | 5 | 5 | 95 |
| *2.36  {2.5} | | 0 | 100 | 0 | 37.5 | 8 | 13 | 87 |
| *1.18  {1.2} | | 0 | 100 | 0 | 67.5 | 14 | 27 | 73 |
| *0.6 | | 0 | 100 | 0 | 213.0 | 41 | 68 | 32 |
| *0.3 | | 0 | 100 | 0 | 118.5 | 24 | 92 | 8 |
| *0.15 | | 0 | 100 | 0 | 35.0 | 7 | 99 | 1 |
| 0.075 | | 0 | 100 | 0 | 3.5 | 1 | 100 | 0 |
| 受　皿 | 0 | 0 | 100 | 0 | 0 | 0 | 100 | 0 |
| 合　計 | 15 000 | 100 | | | 500.0 | 100 | | |

注1) 細骨材では，連続する各ふるいの間にとどまるものの質量分率〔%〕の合計が102 %となったので，連続する各ふるいの間にとどまるものの質量分率〔%〕の最大の0.6 mmふるいの値を41 %に調節している。

2) 粗粒率は，*印を付したふるいについて，ふるいにとどまるものの質量分率〔%〕を合計して，100で割って求めている。

※ { }内はふるいの呼び寸法。

40 mmのとき）で6～8である。ふるい分け試験の結果の一例を**表2.1**に示す。この表の実験結果を用いて粗骨材および細骨材の粗粒率を求めると以下のようになる。

$$粗骨材の粗粒率 = \frac{2+45+89+100+100\times 5}{100} = 7.36 \qquad (2.10)$$

$$細骨材の粗粒率 = \frac{5+13+27+68+92+99}{100} = 3.04 \qquad (2.11)$$

〔5〕**粒度曲線**　骨材を構成する粒子の径の分布状態を表した曲線のことを**粒度曲線**（**図2.12**）という。横軸にふるいの呼び寸法を対数目盛でとり，縦軸に各ふるいを通過するもの，あるいは各ふるいにとどまるものの質量の百

## 2.2 使用材料

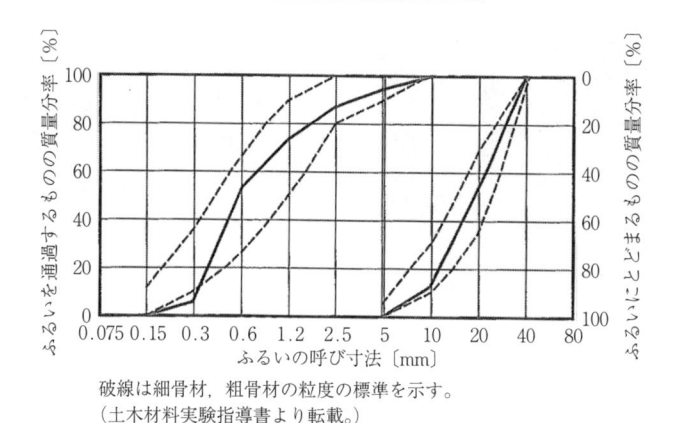

破線は細骨材,粗骨材の粒度の標準を示す。
(土木材料実験指導書より転載。)

図2.12 粒度曲線

分率をとる。得られた粒度曲線が標準的な粒度範囲内(図2.12の破線内)にあれば粒度は良好といえる。

〔6〕 **粗骨材の最大寸法** 粗骨材の最大寸法は,質量で90％以上通るふるいのうち,最小寸法のふるいの呼び寸法で表される。コンクリートの配合設計などで用いるので,対象構造物の種類や鉄筋間隔などを考慮してあらかじめ明示しておく必要がある。

〔7〕 **単位容積質量と実積率** 骨材の**単位容積質量**(mass of unit volume)とは,絶乾状態における1 m³当りの質量をいう。この値は,骨材密度,粒度,空隙率,含水量などにより変化する。**実積率**とは,所定の容器に満たした骨材の絶対容積の,その容器の容積に対する百分率をいう。単位容積質量あるいは実積率から,次式により空隙率を求めることができる。

$$空隙率 = \frac{固体単位容積質量 - 単位容積質量}{固体単位容積質量} \times 100$$

$$= 100 - 実積率 \quad [\%] \quad (2.12)$$

所定のコンクリートをつくる場合,空隙率が小さいとセメントペーストが少なくてすむという利点がある。反対に,空隙率が大きいとセメントペーストが多く必要になり,不経済となる。単位容積質量および実積率試験の状況を**図2.13**に示す。

(a) 細骨材　　　　　　　　　　(b) 粗骨材
図2.13　骨材の単位容積質量および実積率試験

〔8〕 **強度と耐久性に関する試験**　コンクリートは，使用環境や含有物質によって強度や耐久性に差異が生じるため，材料の使用に際しては事前の検査が必要となる場合がある。ここではコンクリートの強度および耐久性を評価するための試験方法，また骨材に含まれる有害物質の検査方法について概説する。

〔a〕 **粗骨材のすり減り試験**　すり減り抵抗が要求されるような用途のコンクリート，例えば道路用コンクリートやダム用コンクリートなどは，骨材自体に強じん性が求められる。一般に，粗骨材のすり減り減量が少ないほど，コンクリートのすり減り減量は少ないことから，粗骨材のすり減り具合の確認により，使用の可否が判定される。粗骨材のすり減り試験は，ロサンゼルス試験機と呼ばれる鋼製のドラムに鋼球と骨材を一緒に入れて回転させ，骨材が鋼球と衝突して小さくなった量（すり減り損失量）を測定するものである。道路用コンクリートの場合，粗骨材のすり減り減量の限度は 35 % が標準である。タイヤチェーンの使用が想定される寒冷地の道路においては 25 % 以下とすることが望ましい。

〔b〕 **硫酸ナトリウムによる骨材の安定性試験**　安定性試験は，骨材の耐凍害性の目安およびコンクリートの気象作用に対する耐久性を判断するために行われる。本試験は JIS A 1122 に規定されており，骨材を硫酸ナトリウム飽和溶液中に 16 〜 18 時間浸漬した後，1 時間に $40 \pm 10$ ℃ の割合で上げ $105 \pm 5$

℃の温度で4〜6時間乾燥する操作を5回繰り返し，硫酸塩の結晶圧の作用により骨材粒を破損させて，その損失質量百分率を求めるものである。同 JIS では，骨材の損失質量分率の限度を，粗骨材では 12 ％以下，細骨材では 10 ％以下と規定している。

〔c〕 **骨材のアルカリシリカ反応性試験（モルタルバー法）**　アルカリシリカ反応は，骨材中のアルカリ反応性を持つシリカとコンクリートに含まれるアルカリ金属が反応して生じた生成物（アルカリシリカゲル）が吸水して膨張し，表面にひび割れなどを生じさせる現象である。モルタルバー法は，40 mm ×40 mm×160 mm のモルタルバーの長さの変化を測定することで，骨材のアルカリシリカ反応性を判定する方法である。供試体3本の平均膨張率が，材齢26週において 0.01 ％未満の場合は「無害」とし，0.01 ％以上の場合は「無害でない」とする。材齢 13 週で 0.05 ％以上の膨張を示した場合は「無害でない」としてもよいが，0.05 ％未満であった場合でも「無害」とは判定できない。その場合，材齢 26 週での試験結果により判定しなければならない。骨材のアルカリシリカ反応性を判定するための試験は，モルタルバー法以外に，化学法および迅速法がある。

〔d〕 **細骨材の有機不純物試験**　有機不純物が細骨材中に含まれることは少ないが，泥炭質や腐植土に数％含まれている場合，モルタルやコンクリートの硬化を妨げ，強度，耐久性，安定性を害することがある。本試験（JIS A 1105）は，有機不純物が水酸化ナトリウムによって褐色に着色反応を示すことを利用したものである。容器 500 ml のメスシリンダに，気乾状態の細骨材を 125 ml の目盛線まで入れ，これに 3.0 ％水酸化ナトリウム水溶液を 200 ml 加えて振り混ぜる。24 時間静置した後，別に用意した標準色液の色とこの溶液の色を比色することで，細骨材の使用の可否を判定できる。溶液の色が無色ないし淡黄色の場合は「良いコンクリートに使用できる」，また，暗赤褐色を示した場合は「使用できない」と判定される。後者の場合，固練りモルタルの材齢7日および 28 日における圧縮強度低下率は 50〜100 ％となる。

〔e〕 **骨材中の粘土塊量の試験**　粘土が骨材表面に密着していると，セ

メントペーストとの付着を妨げ、強度、耐久性に影響を及ぼすことがある。また、骨材に粘土が混入すると、同一のワーカビリティーを得るための単位水量が増加し、強度を有効に発生させることが困難となる。本試験（JIS A 1137）は、骨材中に含まれる粘土塊の量を把握し、骨材としての適用の可否を判断するために行われる。用意する試料は、細骨材の場合、試験用網ふるい 1.2 mm にとどまるもの、粗骨材の場合、同 5 mm にとどまるものと規定されている。これらの試料を 24 時間吸水させた後、ふるい（細骨材：公称目開き 600 μm、粗骨材：同 2.5 mm）上で水洗することで粘土塊分を除去する。水洗い前後の試料の質量（乾燥後）から、骨材に含まれていた粘土塊の含有量を算出する。粘土塊含有量の限度は、細骨材の場合には 1.0 %、粗骨材の場合には 0.25 % である。粘土等の微粒子が多く含有される場合、**レイタンス**（laitance）ができやすくなる。

### 2.2.3 コンクリート用水

コンクリート用水は、飲料用水ならば使用上、問題はない。上水道水以外の水、例えば、井戸水、河川水、湖沼水、地下水などを使用する場合、海水、工場排水、家庭排水などの混入により、硬化不良や強度低下等につながる恐れがある。そのため、使用に際しては、懸濁物質量、塩素イオン量、セメント凝結時間などの試験をあらかじめ実施する必要がある。

回収水（洗浄によって発生する排水のうち、運搬車、プラントのミキサー、ホッパーなどに付着した**レディミクストコンクリート**（ready-mixed concrete）の洗浄排水を処理して得られるスラッジ水および上澄み水の総称）を使用する場合も、上記と同様の品質試験を実施する必要がある。

### 2.2.4 混 和 材 料

混和材料とは、性能改善、品質向上、特別な性能の付与を目的として、コンクリートに添加される材料のことである。コンクリートのおもな材料はセメント、水、骨材であるが、混和材料は、ワーカビリティーの改善や耐凍害性の向

## 2.2 使用材料

上，その他のコンクリートの性能向上などの重要な役割を果たす。混和材料は使用する量によって混和材と混和剤に区別される。混和材は比較的使用量が多く，配合計算において考慮されるものをいう。それに対して混和剤は，比較的使用量が少なく，配合計算において無視されるものをいう。

〔1〕**混和材** 混和材として広く用いられているものに，**フライアッシュ**（fly ash），**シリカヒューム**（silica fume），**高炉スラグ**（blast-furnace slag）が挙げられる。これらの混和材は，いずれも発電所や製鋼所で発生する副産物（産業廃棄物）である。フライアッシュは，火力発電所などの微粉炭燃焼ボイラーから出る廃ガスに含まれる微粉粒子を集塵機で集めたものである。シリカヒュームは，製鋼過程で使用される材料を製造する際に発生する廃ガスを集塵機で集めたものである。高炉スラグとは，鉄鉱石を溶融した際に生成される鉄以外の副産物のことで，急速に冷却し微粉末にしたものが混和材として用いられる。

〔a〕**フライアッシュ** セメントの水和で生じる水酸化カルシウムとフライアッシュが不溶性化合物を生成する。この反応を**ポゾラン**（pozzolan）**反応**という。湿潤養生を十分に行うことにより，フライアッシュの周辺部がポゾラン反応生成物で満たされ，長期強度が増し水密性も向上する。このように長期的な強度発現，さらには化学的作用に対する抵抗性などコンクリートの性質向上に寄与する。また，フライアッシュの粒子自体は球形であるのでコンクリート打設時の流動性が高められ，ワーカビリティーが向上する。同時に単位水量を削減できるため，水密性が高くなる。

〔b〕**シリカヒューム** シリカヒュームは，粒径 $0.1\,\mu m$ 程度のきわめて小さい粒子が集まったものである。セメント粒子間にシリカヒューム粒子が入り込むことで密度が高くなるため，水密性および化学反応に対する抵抗性が向上する。一方，水和反応に伴う自己収縮が大きくなる傾向にあるため，施工条件を十分に考慮した上で使用する必要がある。

〔c〕**高炉スラグ** 高炉スラグ微粉末は，アルカリ性の刺激を受けることで硬化する性質を有する。これを**潜在水硬性**（latent hydraulicity）といい，こ

の働きによって緻密な硬化組織をつくることができる。「コンクリート用高炉スラグ微粉末」(JIS A 6206) では，高炉スラグはその**粉末度**(fineness) によって，4 000，6 000，8 000 の 3 種類に区分される。粉末度が大きくなると，コンクリートの流動性が増し，初期強度が大きくなる。

〔2〕 混 和 剤　　混和剤 (chemical admixture) として一般に用いられるものに，AE 剤，減水剤，高性能 AE 減水剤，促進剤，遅延剤，水中不分離性混和剤などがある。

〔a〕 **AE 剤**　　コンクリート中には，気泡や微細な水道が無数に存在する。これらの微細な空間に入り込んだ水が凍結融解を繰り返すことによる早期劣化現象がある。コンクリート内部に生じた応力を緩衝するために効果的なものは，0.02～0.3 mm 程度の微細な気泡であり，このような空気粒を効果的にコンクリートに発生させる役割を担うのが **AE 剤** (air entrained agent) である。AE 剤によって混入される微細な気泡を**エントレインドエア**(entrained air) といい，練り混ぜ時に自然に混入する空気 (**エントラップドエア**(entrapped air)) とは区別している。AE 剤は耐凍害性の向上のみならず，ワーカビリティーの向上のために広く用いられている。

〔b〕 **減 水 剤**　　減水剤 (water reducing agent) は，セメント粒子に吸着することで粒子間に静電反発力を生じさせ，水に混ざりにくいセメントを効果的に分散させる働きをする。そのため単位水量を少なくしても，ワーカビリティーを向上させることが可能となる。一般的な減水剤を使用した場合，単位水量は 10 %程度削減できる。

〔c〕 **高性能 AE 減水剤**　　高性能 AE 減水剤 (superplasticizer high-range water) は，AE 剤と減水剤の両方の長所を有しており，特に単位水量の大幅な削減効果を発揮する。高性能 AE 減水剤などを用いて水セメント比を低下させ，強度を高めたコンクリートのことを高強度コンクリートという。コンクリートは練り混ぜおよび打ち込みが終わると時間とともに硬化するが，高性能 AE 減水剤の使用により，コンクリートのやわさを維持することができるので，施工性を向上させるためにも使われる。

〔d〕**促　進　剤**　促進剤（accelerator）とは，コンクリートの硬化を促進する混和剤の総称であり，具体的には，減衰剤やAE減衰剤，塩化カルシウムがある。ただし，塩化カルシウムについては，セメントの水和促進には有効であるが，鉄筋をさびさせる原因となるために現在は使用されていない。初期強度の発現および促進，初期凍害予防を目的として用いられる。

〔e〕**遅　延　剤**　遅延剤（retarder）は，コンクリートの凝結，さらには初期強度発現の遅延を目的として用いられる。その機能は，セメントと水の接触を防止することで一時的に水和を遅延させるものである。そのあとは徐々に水和反応が始まるので強度発現には問題がない。暑中コンクリートにおける**コールドジョイント**（cold joint）の発生防止などに用いられる。

〔f〕**水中不分離性混和剤**　水中にコンクリートを打設する場合，**水中不分離性混和剤**を混和することで粘性を大きくし，分離しにくいコンクリート（水中不分離性コンクリート）をつくることができる。水中不分離性コンクリートの性質は同混和剤の添加量により決定されるが，その量は経済性とその効果を考慮して $2 \sim 3 \, \mathrm{kg/m^3}$ が一般的である。

# 2.3　フレッシュコンクリート

## 2.3.1　フレッシュコンクリートの特性

　フレッシュコンクリートとは，材料の練り混ぜ後から，型枠に入れ，凝結・硬化する前までの状態にあるコンクリートのことをいう。硬化したコンクリートを変形させることはできないが，フレッシュコンクリートは，適度な外力を加えることでその形を自由に変化させることが可能である。ただし，時間とともに硬化するので，その特性をよく見きわめておく必要がある。単位水量が少ないコンクリートは高強度を期待できる反面，型枠のすみずみにセメントペーストがいきわたりにくいという短所を併せ持つ。一方，単位水量を多くすることでコンクリートの流動性は向上するが，材料分離やブリーディングを招く原因となる。**材料分離**（segregation）とは，重力の影響によって時間経過ととも

に比重の大きい粗骨材がしだいに下のほうに沈んでいき，モルタル中に均一に分布しなくなる状態を表す用語である。また，**ブリーディング**（bleeding）とは，比重の小さな水が表面に達し，水の層を形成する現象を表す用語である。ブリーディングが発生すると，コンクリートの表面は沈下し，水の層に多く含まれる微粒物がレイタンスと呼ばれる薄い堆積層を形成する。レイタンスは強度および付着力が弱く，不連続面が発生する原因にもなるため，必ず除去しなければならない。

このようにフレッシュコンクリートは施工性と密接な関係を有している。その特性を表す代表的な用語として，**ワーカビリティー**（workability），**コンシステンシー**（consistency），**フィニッシャビリティー**（finishability）がある。これらを含め，フレッシュコンクリートの特性を表す用語を**表 2.2**に示す。以下では，それらについて概説する。

表 2.2　フレッシュコンクリートの特性を表す用語

| | |
|---|---|
| コンシステンシー | 変形，流動に対する抵抗性 |
| ワーカビリティー | コンシステンシーおよび材料分離に対する抵抗性 |
| プラスティシティー | 容易に型に詰めることができ，型を外すとゆっくり形を変えるが，崩れたり，材料が分離したりすることのない性質 |
| フィニッシャビリティー | 仕上げの容易さ |
| ポンパビリティー | ポンプによるコンクリートの圧送の容易さ |

〔1〕**ワーカビリティー**　ワーカビリティーとは，材料の運搬から，打込み，締固め，仕上げまでの一連の作業性，つまり施工の能率に密接に関係する語である。コンクリートの変形や流動に対する抵抗性（コンシステンシー）や材料分離に対する抵抗性を合わせた性質を表すと同時に，フィニッシャビリティー，**プラスティシティー**（plasticity）などの個々の性質についても包含している。単位水量を多くすることでコンクリートの流動性は向上するが，その一方で，材料分離を招く要因ともなり得る。よって，両者の性質をバランスよく保つことが重要となる。

〔2〕**コンシステンシー**　コンシステンシーとは，コンクリートの変形や流

動に対する抵抗性の程度を表す用語である．コンシステンシーを知るための試験方法として，**スランプ**（slump）試験がある．

〔3〕**フィニッシャビリティー**　フィニッシャビリティーとは，仕上げの容易さの程度を表す用語であり，粗骨材の最大寸法，細骨材率，骨材の粒度，コンシステンシーなどに影響される．

〔4〕**プラスティシティー**　プラスティシティーとは，容易に型に詰めることができ，型を取り去るとゆっくり形を変えるが，崩れたり，材料が分離したりすることのないような性質を表す用語である．プラスティシティーは，スランプ試験に用いたコンクリートの変形状態から判断できる．

このほかに，ポンプによるコンクリートの圧送の容易さを表す用語として**ポンパビリティー**（pumpability）がある．

### 2.3.2　フレッシュコンクリートの各種試験

フレッシュコンクリートのコンシステンシー，空気量，材料分離特性などの特性の定量化は，コンクリートを品質管理する上でとても重要である．ここではフレッシュコンクリートの代表的な試験方法について概説する．コンクリートのコンシステンシーを求めるための試験方法として，スランプ試験，空気量試験，スランプフロー試験，振動台式コンシステンシー試験がある．

〔1〕**スランプ試験**　スランプ試験は比較的固練りのコンクリートに対して実施されるもので，「コンクリートのスランプ試験方法」（JIS A 1101）に基づいて行われる．固練りコンクリートとはスランプが 12 cm 以下のコンクリートを指し，軟練り（「やわねり」とも読む）コンクリートとはスランプ 15 cm 以上のものを指すとする．スランプとは，スランプコーン（**図 2.14**）の中に練り混ぜ直後のコンクリートを充填させた後，コーンを静かに引き上げ，重力によるコンクリートの頂部の下がりを 0.5 cm 単位で読み取ったものである．スランプ試験の様子を**図 2.15** に示す．本試験は，一般に 5 ～ 18 cm のスランプ値を有するコンクリートが対象となる．

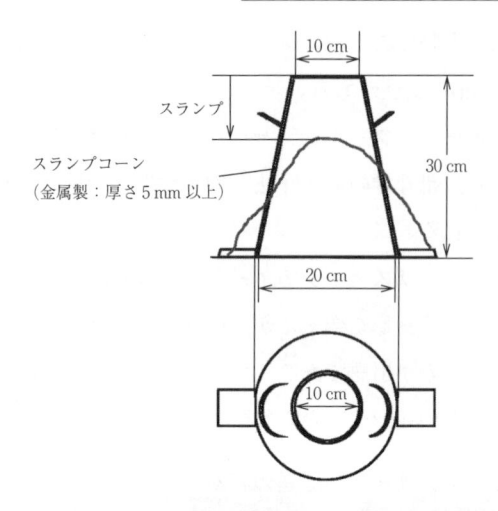

図 2.14　スランプコーン

(a) フレッシュコンクリート　(b) スランプコーン引き上げ　(c) 重力に伴う変形　(d) スランプ測定

図 2.15　スランプ試験

スランプ測定終了後，コンクリート側面を突き棒で軽くたたいたとき（タッピングという），コンクリートが崩れないで変形する場合，コンクリートは**プラスティック**（plastic）な状態であるという。プラスティックなコンクリートは良好なワーカビリティーを有すると判断できる（**図 2.16**）。流動性の高いコ

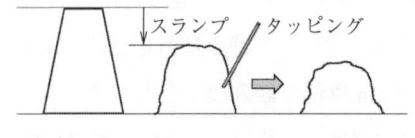

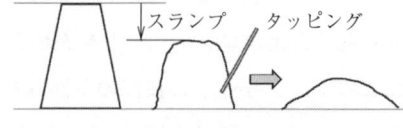

(a) プラスティックなコンクリート　(b) 分離しやすいコンクリート

図 2.16　スランプ試験後のプラスティシティーの判定

ンクリートやそれとは逆にスランプが 5 cm に達しないようなきわめて固練りのコンクリートに対しては，スランプ試験では有意な結果が得られない．流動性の高いコンクリートに対しては**スランプフロー**（slump flow）試験が，きわめて固練りのコンクリートに対しては振動台式コンシステンシー試験が行われる場合がある．

〔2〕 **空気量試験**　AE 剤や AE 減衰剤を用いたコンクリートを AE コンクリートという．空気量は，コンクリートのワーカビリティーや耐久性，強度に大きく影響を与える．

フレッシュコンクリートの空気量試験には，質量方法，容積方法，空気室圧力方法などがあるが，「フレッシュコンコンクリートの空気量の圧力による試験方法（空気室圧力方法）」（JIS A 1128）に基づいて，ワシントン型エアメータ（図 2.17）を用いた測定が一般に行われている．この試験では，容器および空気量の目盛のキャリブレーションや，実際に使用する骨材を用いた骨材修正係数の算出が必要となる．実際の試験の様子の一例を図 2.18 に示す．

〔3〕 **スランプフロー試験**　スランプフロー試験は流動性の高いコンクリートに対して実施されるもので，「コンクリートのスランプフロー試験」（JIS

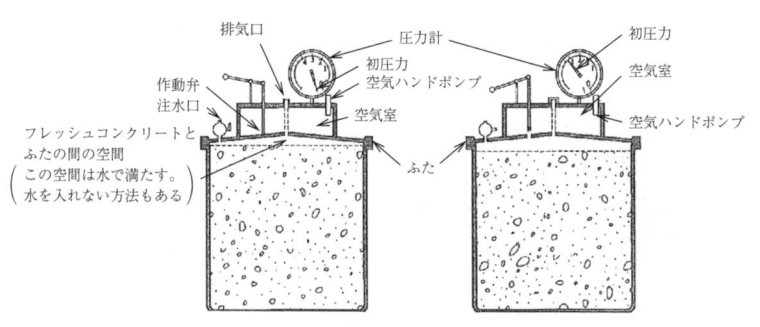

(a) 空気室の圧力を所定の圧力に高めた場合を示す（指針は，初圧力を示している）．

(b) 作動弁を開いてフレッシュコンクリートに圧力を加えた場合を示す（指針は，フレッシュコンクリートのみかけの空気量を示している）．

（土木材料実験指導書より転載．）

**図 2.17**　ワシントン式エアメータ

（a）容器への充填　　（b）注水および作動弁操作　　（c）空気量測定

図 2.18　空気量試験

A 1150) に基づいて行われる。

　スランプコーン（JIS A 1101）に詰めたコンクリートの上面をスランプコーンの上端に合わせてならした後，ただちにスランプコーンを鉛直方向に連続して引き上げる。コンクリートの動きが止まった後，広がりが最大と思われる直径と，それに直交する方向の直径を 1 mm 単位で測る（**図 2.19**）。スランプフローは，両直径の平均値を 5 mm 単位に丸めて表示する。スランプを測定する場合には，コンクリートの中央部において下がりを 0.5 cm 単位で測定する。フローの流動停止時間を求める場合には，スランプコーン引上げ開始から，目視によって停止が確認されるまでの時間をストップウォッチにより 0.1 秒単位で測る。

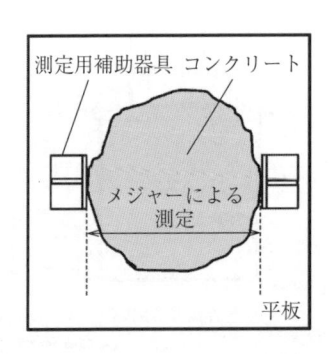

図 2.19　スランプフロー試験

〔4〕**振動台式コンシステンシー試験**　　振動台式コンシステンシー試験はきわめて固練りのコンクリートのコンシステンシーを測定するために実施されるもので，「舗装用コンクリートの振動台式コンシステンシー試験方法」

（JSCE-F501）に基づいて行われ，沈下度が求められる．沈下度の比較によりコンシステンシーが評価される．

試験装置は，**図 2.20** のように，テーブル振動機（振動数 1 500 rpm，全振幅 0.8 mm），容器（金属製で内径 240 mm，高さ 200 mm），コーン（金属製で上端内径 150 mm，下端内径 200 mm，高さ 227 mm），およびすべり棒のついた透明な円板（全質量 1 kg）から構成されている．採取した試料をコーンに詰めた後，コーンを静かに鉛直に引き上げる．試料の頂部に透明板を載せテーブル振動機を始動すると，しだいにコンクリートが締め固められるので透明板は下がり始める．コンクリート表面にモルタルが浮かび上がってきて円板下面に接する．振動開始から円板下面全面にモルタルが接するまでに要した振動時間〔秒〕が沈下度である．

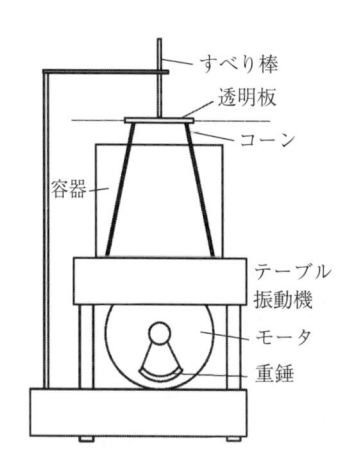

図 2.20 振動台式コンシステンシー試験機

## 2.4 配合設計

コンクリートの配合とは，コンクリートを製造するために使用する材料の割合のことであり，示方配合と現場配合に分けられる．示方配合とは，$1\,\mathrm{m}^3$ のコンクリートをつくるために必要な材料の量を質量で表示したもので，細骨材と粗骨材は粒径 5 mm で区別し，表面乾燥飽水状態に基づいて計算を行う．現

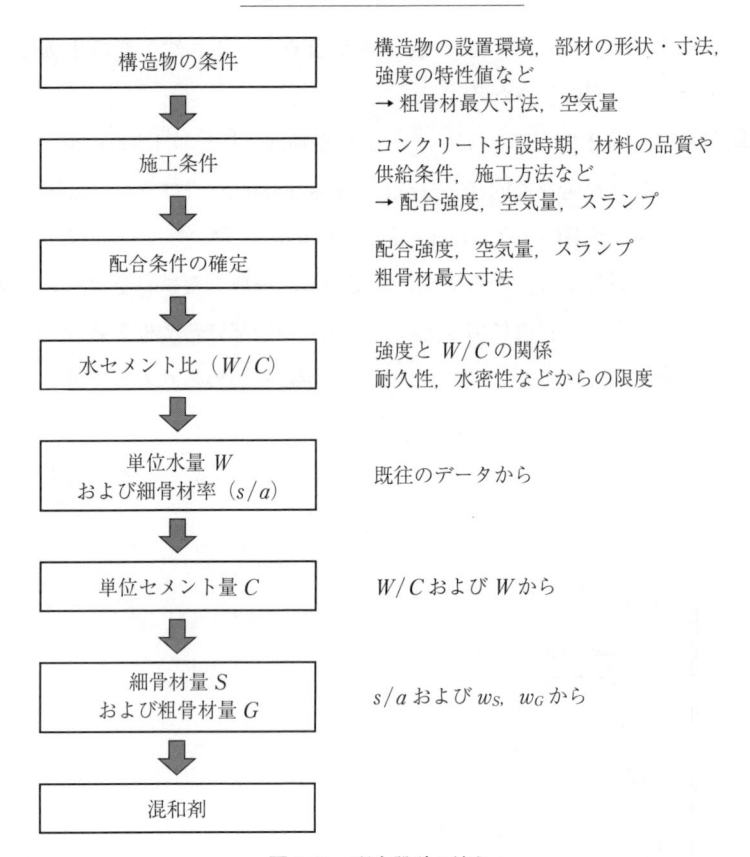

```
構造物の条件  →  施工条件  →  配合条件の確定  →  水セメント比 (W/C)  →  単位水量 W および細骨材率 (s/a)  →  単位セメント量 C  →  細骨材量 S および粗骨材量 G  →  混和剤
```

- 構造物の条件: 構造物の設置環境, 部材の形状・寸法, 強度の特性値など → 粗骨材最大寸法, 空気量
- 施工条件: コンクリート打設時期, 材料の品質や供給条件, 施工方法など → 配合強度, 空気量, スランプ
- 配合条件の確定: 配合強度, 空気量, スランプ 粗骨材最大寸法
- 水セメント比 (W/C): 強度と $W/C$ の関係 耐久性, 水密性などからの限度
- 単位水量 $W$ および細骨材率 ($s/a$): 既往のデータから
- 単位セメント量 $C$: $W/C$ および $W$ から
- 細骨材量 $S$ および粗骨材量 $G$: $s/a$ および $w_S$, $w_G$ から

図 2.21 配合設計の流れ

場配合とは，現場で実際に使用する骨材の状態（乾燥状態や粒度）に応じて示方配合を修正したものである．**図 2.21** に配合設計の流れの概略を示す．

### 2.4.1 配合条件の確定

粗骨材の最大寸法は，構造物の設置環境や部材の形状および寸法等の条件により，**表 2.3** に従って決定される．スランプと空気量の標準値は**表 2.4** および**表 2.5** に示すとおりである．

## 2.4 配合設計

**表2.3 粗骨材の最大寸法**

| 構造物の種類 | | 粗骨材の最大寸法 |
|---|---|---|
| 鉄筋コンクリート | 一般の場合 | 20 または 25 |
| | 断面の大きい場合 | 40 |
| | 部材最小寸法の1/5 および鉄筋の最小あきの3/4以下。 | |
| 無筋コンクリート | | 40 mm 以下を標準,部材最小寸法の1/4以下 |
| 舗装コンクリート | | 40 mm 以下 |
| ダムコンクリート | | 150 mm 程度以下 |

**表2.4 スランプの標準値**

| 種類 | | スランプ | |
|---|---|---|---|
| | | 通常 | 高性能 AE 減水剤利用 |
| 無筋コンクリート | 一般の場合 | 5〜12 | 12〜18 |
| | 大断面の場合 | 3〜10 | 8〜15 |
| 鉄筋コンクリート | 一般の場合 | 5〜12 | — |
| | 大断面の場合 | 3〜8 | — |
| 舗装コンクリート | | 2.5（沈下度で30秒） | |
| ダムコンクリート | | 2〜5 （40 mm でウェットスクリーニング） | |
| 軽量骨材コンクリート | | 5〜12 | |

**表2.5 空気量の標準値**

| 種類 | | 所要空気量〔％〕 |
|---|---|---|
| 無筋および鉄筋コンクリート | | 4〜7 |
| 軽量骨材コンクリート | | 普通骨材より1％大きく |
| 舗装コンクリート | | 4.5 |
| 海洋コンクリート | 凍結融解作用を受ける恐れのある場合 | 4.5〜6 |
| | 凍結融解作用を受ける恐れのない場合 | 4 |
| ダムコンクリート | 耐久性を基にする場合 | ウェットスクリーニングを行い,40 mm 以上の粗骨材を取り除いた値 | 5.0±1.0 |

### 2.4.2 配合の決定

つぎに,**水セメント比**（water-cement ratio）$W/C$ を決定する。$W/C$ はコンクリートの強度,耐久性,水密性と密接に関係する。使用材料が同一であれ

ば，コンクリート強度と**セメント水比**（cement-water ratio）$C/W$ はほぼ線形関係にある．関係式が事前に得られていれば所要の配合強度に対応した $W/C$ が計算可能であるが，ない場合には3種類以上の $W/C$ のコンクリートをつくり，圧縮強度を得ることにより関係式を求める必要がある．なお，$W/C$ は耐久性および水密性の観点から上限が規定されている．コンクリートの凍結融解性を基にして定める場合，海洋コンクリートを対象とする場合の $W/C$ の上限は，それぞれ**表2.6**および**表2.7**のように定められている．

**単位水量**と**細骨材率**（sand aggregate ratio）の関係を**表2.8**に，またその補

**表2.6** 凍結融解抵抗性を基にして水セメント比を求める場合における AE コンクリートの最大の水セメント比〔%〕

| 構造物の露出状態 | 気象条件 / 断面 | 気象作用が激しい場合または凍結融解がしばしば繰り返される場合 | | 気象作用が激しくない場合，氷点下の気温となることがまれな場合 | |
|---|---|---|---|---|---|
| | | 薄い場合[*2)] | 一般の場合 | 薄い場合[*2)] | 一般の場合 |
| (1) 連続してあるいはしばしば水で飽和される場合[*1)] | | 55 | 60 | 55 | 65 |
| (2) 普通の露出状態にあり，(1) に属さない場合 | | 60 | 65 | 60 | 65 |

*1) 水路，水槽，橋台，橋脚，擁壁，トンネル覆工等で水面に近く水で飽和される部分および，これらの構造物のほか，桁，床版等で水面から離れてはいるが融雪，流水，水しぶき等のため，水で飽和される部分など．
*2) 断面厚さが 20 cm 程度以下の構造物の部分など．
（土木材料実験指導書より転載．）

**表2.7** 海洋コンクリートを対象とした場合の耐久性から定まる AE コンクリートの最大の水セメント比〔%〕

| 環境区分 \ 施工条件 | 一般現場施工の場合 | 工場製品の場合，または材料の選定および加工において，工場製品と同等以上の品質が保証される場合 |
|---|---|---|
| (a) 海上大気中 | 45 | 50 |
| (b) 飛沫帯 | 45 | 45 |
| (c) 海 中 | 50 | 50 |

（注1）実績，研究成果等により確かめられたものについては，耐久性から定まる最大の水セメント比を，この表の値に 5〜10 を加えた値としてよい．
（注2）AE コンクリートとした無筋コンクリートの場合は，この表の値に 10 程度加えた値としてよい．
（土木材料実験指導書より転載．）

## 2.4 配合設計

**表 2.8** 単位水量と細骨材率

| 粗骨材の最大寸法 〔mm〕 | 単位粗骨材容積 〔%〕 | 空気量 〔%〕 | AE コンクリート ||||
|---|---|---|---|---|---|---|
| | | | AE 剤使用 || AE 減水剤使用 ||
| | | | 細骨材率 $s/a$ 〔%〕 | 単位水量 $W$ 〔kg〕 | 細骨材率 $s/a$ 〔%〕 | 単位水量 $W$ 〔kg〕 |
| 15 | 58 | 7.0 | 47 | 180 | 48 | 170 |
| 20 | 62 | 6.0 | 44 | 175 | 45 | 165 |
| 25 | 67 | 5.0 | 42 | 170 | 43 | 160 |
| 40 | 72 | 4.5 | 39 | 165 | 40 | 155 |

(注) 細骨材の粗粒率 2.80，スランプ 8 cm，水セメント比 0.55 程度のコンクリートに対する概略値であり，条件が異なる場合は補正が必要．

**表 2.9** 細骨材率および水の補正

| 区分 | $s/a$ の補正〔%〕 | $W$ の補正 |
|---|---|---|
| 砂の粗粒率が 0.1 だけ大きい（小さい）ごとに | 0.5 だけ大きく（小さく）する | 補正しない |
| スランプが 1 cm だけ大きい（小さい）ごとに | 補正しない | 1.2 % だけ大きく（小さく）する |
| 空気量が 1 % だけ大きい（小さい）ごとに | 0.5〜1 だけ小さく（大きく）する | 3 % だけ小さく（大きく）する |
| S 水セメント比が 0.05 大きい（小さい）ごとに | 1 だけ大きく（小さく）する | 補正しない |
| $s/a$ が 1 % 大きい（小さい）ごとに | — | 1.5 kg だけ大きく（小さく）する |
| 川砂利を用いる場合 | 3〜5 だけ小さくする | 9〜15 kg だけ小さくする |

正方法を**表 2.9**に示す．

　単位セメント量は，フレッシュコンクリートの流動性，材料分離，ブリーディング，水和熱量に影響する．単位水量 $W$ と水セメント比 $W/C$ から単位セメント量 $C$ が求められる．舗装コンクリートの場合の単位セメント量は 280〜350 kg/m$^3$ が標準である．

　つぎに，細骨材量および粗骨材量を決定する．

　全骨材の占める容積は次式で表される．

$$v_S + v_G = 1 - \frac{W}{1000} - \frac{C}{1000 w_C} - \frac{v_a}{100} \tag{2.13}$$

$v_S$：コンクリート1 m³ 当りの細骨材の容積〔m³〕

$v_G$：コンクリート1 m³ 当りの粗骨材の容積〔m³〕

$W$：水の単位量〔kg/m³〕，　$C$：セメントの単位量

$w_C$：セメントの密度〔kg/l〕，　$v_a$：空気量〔%〕

単位細骨材量 $S$〔kg/m³〕および単位粗骨材量 $G$〔kg/m³〕は次式で求められる。

$$S = v_S w_S \times 1\,000 \tag{2.14}$$

$$G = v_G w_G \times 1\,000 \tag{2.15}$$

ただし，$s/a$ は細骨材率〔%〕，$w_S$ は細骨材の表乾状態の密度〔kg/l〕，$w_G$ は粗骨材の表乾状態の密度〔kg/l〕である。

$$v_S = \frac{(v_S + v_G)\dfrac{s}{a}}{100} \tag{2.16}$$

$$v_G = \frac{(v_S + v_G)\left(1 - \dfrac{s}{a}\right)}{100} \tag{2.17}$$

### 2.4.3　配合強度の決め方

**配合強度**（mix proportioning strength）とは，強度の変動（ばらつき）を反映して決められる強度のことであり，**設計基準強度**（specified concrete strength）$f'_{ck}$ に以下の割り増し係数 $p$ を乗じたものである。

$$p = \frac{1}{1 - \dfrac{1.645\,V}{100}} \tag{2.18}$$

ただし，$V$〔%〕は変動係数である。

設計基準強度と配合強度の関係を**図 2.22** に示す。すなわち，強度を正規分布に従う確率変数と考えた場合，設計基準強度を下回る確率が5%となるときの平均値が配合強度である。なお，正規分布の標準偏差 $\sigma$ は以下で表される。

$$\sigma = \pm\sqrt{\frac{1}{n-1}\sum_{i=1}^{n}(x_i - \bar{x})^2} \tag{2.19}$$

ここで，$n$, $x_i$ は試験体の個数および各試験値であり，$\bar{x}$ は平均値を表す。上

2.4 配 合 設 計

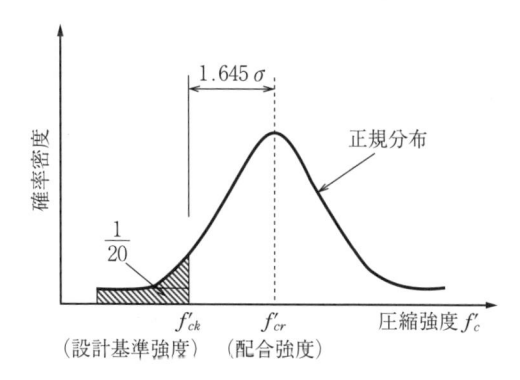

図 2.22　設計基準強度と配合強度の関係

述の変動係数 $V$ 〔%〕は以下のように表される。

$$V = \frac{\sigma}{\bar{x}} \times 100 \tag{2.20}$$

## 2.4.4　配 合 設 計 例

図 2.23 のような RC はりを現場施工するものとし，コンクリートの配合設計を行う。

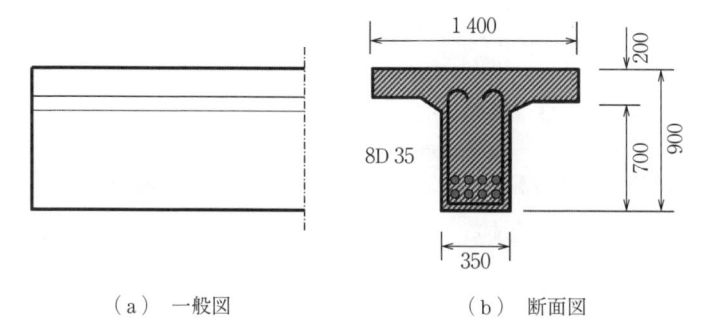

（a）　一般図　　　　　　　　（b）　断面図

鉄筋：曲げ主鉄筋：SD 345，　スターラップ（鉛直筋）：SR 24
鉄筋のかぶり：36 mm，　鉄筋のあき：40 mm
スパン中央断面で鉄筋 8D 35 を使用。

図 2.23　RC はり

〔1〕 **配合設計の前提条件**　構造物の条件は以下のとおりである。

> **構造物の条件**
> 構造物の接する環境：冬期には凍結融解作用を受ける。
> 部材の形状，寸法：図 2.23 のとおり
> 圧縮強度の特性値（設計基準強度）：$30\,\mathrm{N/mm^2}$
> AE コンクリートとする。

まず，構造物の条件から粗骨材の最大寸法と空気量をつぎのように決定する。

- 粗骨材の最大寸法　⇒　20 mm（表 2.3 に基づいて決定）

$$（部分最小断面 \times \frac{1}{5} = 200 \times \frac{1}{5} = 40\,\mathrm{mm},$$

$$鉄筋のあき \times \frac{3}{4} = 40 \times \frac{3}{4} = 30\,\mathrm{mm}）$$

- 空気量　⇒　4.5 %（表 2.5 に基づいて決定）

ここで用いる使用材料は，以下のような物性を持つものとする。

> **使用材料**
> セメント：普通ポルトランドセメント，$w_C = 3.15\,\mathrm{kg}/l$
> 練り混ぜ水：水道水
> 細骨材：川砂，$w_S = 2.65\,\mathrm{kg}/l$（表乾状態），　粗粒率 = 2.70
> 粗骨材：砕石，$w_G = 2.60\,\mathrm{kg}/l$（表乾状態）
> 混和剤：AE 減水剤

〔2〕 **試的な配合計算**　$W/C$ を，事前に実施した圧縮強度試験の結果を用いてつぎのように決定する。

> ***$W/C$ の決定***
> ―圧縮強度から定まる $W/C$
> - $f_c' = -13.2 + 23.0 C/W$ が与えられているとする。
> $$33 = -13.2 + 23.0 C/W$$
> $$\therefore\ W/C = 0.498$$
> ―耐久性から定まる $W/C$
> - 表 2.6 より $W/C \leqq 0.60$

$W/C \Rightarrow 0.498 \, (50\%)$

つぎに表2.8および表2.9に基づき, $s/a$ と $W$ を決定する。補正の過程を表2.10に示す。

**表 2.10** 単位水量と細骨材率の補正

| 区　分 | $s/a$ の補正 | $W$ の補正 |
|---|---|---|
| 砂の粗粒率：$2.80 \to 2.70$ | $\dfrac{2.70-2.80}{0.1} \times 0.5\%$<br>$= -0.50\%$ | — |
| スランプ：$8\,\text{cm} \to 15\,\text{cm}$ | — | $(15-8) \times 1.2\%$<br>$= +8.4\%$ |
| 空気量：$6\%$ | — | — |
| $W/C$：$0.55 \to 0.498$ | $\dfrac{0.498-0.55}{0.05} \times 1.0\%$<br>$= -1.04\%$ | — |
| 計 | $-1.54\% \fallingdotseq -1.5\%$ | $+8.4\%$ |

よって，細骨材率および水の量はつぎのように決定される。

$s/a \Rightarrow 45\%$

$W \Rightarrow 165\,\text{kg}$

得られた $s/a$ および $W$ を基に $C$, $S$ および $G$ を決定する。計算の過程を以下に示す。

$$\left.\begin{aligned}
C &= \frac{W}{W/C} = \frac{178.9}{0.498} = 359.2 \, \text{kg/m}^3 \\
v_S + v_G &= 1 - \frac{178.9}{1\,000} - \frac{359.2}{1\,000 \times 3.15} - \frac{6.0}{100} = 0.647 \, \text{m}^3 \\
v_S &= \frac{0.647 \times 43.5}{1\,000} = 0.281 \\
\therefore \quad S &= 0.281 \times 2.65 \times 1\,000 = 744.7 \, \text{kg/m}^3 \\
v_G &= \frac{0.647 \times (100-43.5)}{100} = 0.366 \\
\therefore \quad G &= 0.366 \times 2.60 \times 1\,000 = 951.6 \, \text{kg/m}^3
\end{aligned}\right\} \quad (2.21)$$

また，配合設計結果（示方配合表）を**表 2.11**に示す。

## 2. コンクリート

**表 2.11** 配合計算結果(示方配合表)

| 粗骨材の最大寸法 [mm] | スランプ [cm] | 水セメント比 W/C [%] | 空気量 [%] | 細骨材率 s/a [%] | 単位量 [kg/m³] | | | | |
|---|---|---|---|---|---|---|---|---|---|
| | | | | | 水 W | セメント C | 混和材 F | 細骨材 S | 粗骨材 G | 混和剤 A |
| 20 | 15±2.5 | 49.8 | 6±1.5 | 43.5 | 179 | 359 | — | 745 | 952 | |

示方配合は,細骨材において 5 mm ふるいにとどまる割合と粗骨材において 5 mm ふるいを通過する割合をいずれも 0 % とし,各骨材は表面乾燥飽水状態であると仮定して定めたものである。よって,現場打設を行う場合は,実際の値で補正しなければならない。ここでは,骨材の表面水率および 5 mm ふるいにとどまる(あるいは通過する)割合が以下のとおりであるとして,現場配合を定める。

- 細骨材
  — 表面水率 2.3 %,5 mm ふるいにとどまる割合:1.5 %
- 粗骨材
  — 表面水率 −0.5 %,5 mm ふるいを通過する割合:3.8 %

計算の過程を以下に示す。

$$\left.\begin{aligned}S &= S' \times (1-0.023) \times \frac{100-1.5}{100} + G' \times (1+0.005) \times \frac{3.0}{100} \\ G &= G' \times (1+0.005) \times \frac{100-3.0}{100} + S' \times (1-0.023) \times \frac{1.5}{100} \\ \therefore\ & S' = 743 \text{ kg/m}^3,\quad G' = 966 \text{ kg/m}^3 \\ W' &= W - S' \times \frac{2.3}{100} + G' \times \frac{0.5}{100} = 167 \text{ kg/m}^3\end{aligned}\right\} \quad (2.22)$$

また,配合補正の計算結果(現場配合表)を**表 2.12** に示す。

**表 2.12** 配合の補正結果(現場配合表)

| 粗骨材の最大寸法 [mm] | スランプ [cm] | 水セメント比 W/C [%] | 空気量 [%] | 細骨材率 s/a [%] | 単位量 [kg/m³] | | | | |
|---|---|---|---|---|---|---|---|---|---|
| | | | | | 水 W | セメント C | 混和材 F | 細骨材 S | 粗骨材 G | 混和剤 A |
| 20 | 15±2.5 | 49.8 | 6±1.5 | 43.5 | 167 | 359 | — | 743 | 966 | |

## 2.5 硬化コンクリートの性質

材料の練り混ぜ後から，型枠に入れ，凝結・硬化する前までの状態にあるコンクリートのことをフレッシュコンクリートと称した。その後の状態にあるコンクリートを一般に，硬化コンクリートという。コンクリートは，使用材料や配合，また施工方法などによって強度特性や変形特性などの力学的特性が異なる。一方，さまざまな環境にさらされるコンクリート構造物の劣化の進行は，それが有する耐久性と密接な関係がある。コンクリートの力学的特性や耐久性を定量化する各種の試験方法は，JISなどによって規定されている。一般に硬化したコンクリートの強度は，圧縮，引張，曲げ，せん断，支圧，付着などの項目に分類されるほか，持続荷重下のクリープ強度および繰返し荷重下の疲労強度などがある。ここでは，コンクリートの力学的特性および試験（圧縮強度，割裂引張強度，曲げ強度および静弾性係数を求めるための試験方法）の概要について述べる。

### 2.5.1 圧 縮 強 度

〔1〕 **材料の品質** コンクリートの圧縮強度に影響する要因としては，セメントの強度が挙げられる。骨材の強度はコンクリートの強度にほとんど影響を及ぼさないが，軟質の軽石など低強度の骨材を用いた場合は，コンクリートの強度上昇を期待できない。粗な表面性状を持つ骨材はセメントペーストとの付着が良くなるため，コンクリート強度が大となる傾向にある。水セメント比 $W/C$ が比較的小さい富配合のコンクリートでは，粗骨材の最大寸法が大きくなると，強度が低下する現象が確認されている。

〔2〕 **配　　合** コンクリートの強度を決定する要因として最も大きいのは水セメント比である。また水セメント比は，コンクリートの耐久性や水密性にも密接に関係する。

圧縮強度と水セメント比（あるいはセメント水比）の関係に関し，1900年代初頭に理論的な説明が加えられた。代表的な説として，Abramsによって

1919年に提唱された**水セメント比説**（water cement ratio law）と，Lyse によって 1932 年に提唱された**セメント水比説**（cement water ratio law）がある。

〔**a**〕　**水セメント比説**　　Abrams は，十分に締固められたコンクリートの圧縮強度 $F_c$ はセメントペーストの水セメント比 $x$（$= W/C$）によって支配され，両者の間には以下の関係式が与えられるとした。

$$F_c = \frac{A}{B^x} \tag{2.23}$$

ここに $A$, $B$ はセメントの品質などによる定数である。

〔**b**〕　**セメント水比説**　　コンクリート圧縮強度 $F_c$ とセメント水比 $C/W$ の間には以下のような線形の関係が成立するとした。

$$F_c = A + B\frac{C}{W} \tag{2.24}$$

ここで，$A$, $B$ は実験によって決まる定数である。なお，この関係式はコンクリートの配合決定の際，強度推定式として用いられている。

水セメント比が一定のとき，空気量の 1 ％の増加によって強度は 4 〜 6 ％減少する。AE コンクリートにすれば，あるワーカビリティーを得るのに必要な単位水量を減少できるので，スランプと単位セメント量を一定にした場合には，AE 剤を用いないコンクリートとほぼ同様の強度が得られる。

〔3〕　**施工方法**　　練り混ぜ時間が長いほど，セメントと水の接触がよくなり，コンクリート強度は増す。練り混ぜ時間は，貧配合のものほど，固練りのものほど，骨材寸法の小さいものほど，長くする必要がある。振動機を利用して締め固めを行う場合，固練りコンクリートでは強度が大きくなる傾向にあるが，軟練りコンクリートでは効果は期待できない。

〔4〕　**材　　齢**　　材齢（age）とともにコンクリートの圧縮強度は増大する傾向にあるが，その伸びは硬化初期において著しい。脱型後，見た目ではすでに硬化し終わっているように見えるコンクリートでも，適切な湿潤養生を行わない場合，その後の強度発現は期待できなくなる。養生方法と圧縮強度の関係を**図 2.24** に示す。

## 2.5 硬化コンクリートの性質

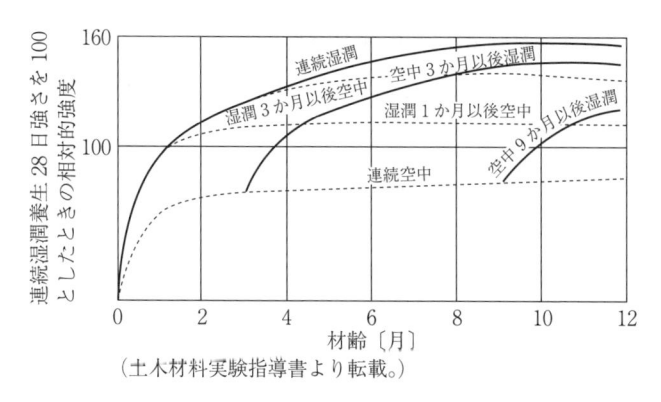

**図 2.24** 養生方法と圧縮強度との関係

（土木材料実験指導書より転載。）

コンクリート強度は，セメントの水和反応とともに増進する。強度増進率は材齢7～14日程度までが顕著であり，その後ゆるやかとなる傾向にある。材齢28～90日くらいで強度の伸びは安定する。材齢1年以上の長期における強度増進は，養生条件や環境によって変化するが，一般に小さくなる。

〔5〕 **養　　　生**　養生については，図2.24からわかるとおり，湿潤養生を適切に行うことでコンクリート強度の増進が期待できる。また，材齢28日までにおいては，**養生**（curing）温度が高くなるほど（養生温度を4～46℃で比較した場合），一方，材齢初期の養生温度は低いほうが，コンクリート強度は大きくなる傾向にあることが確認されている。

〔6〕 **試　験　方　法**　供試体の形状により強度は異なる。① 円柱体と比較して角柱体のほうが，② 供試体の直径に対する高さの比が大きくなるほど（スレンダーになるほど），③ 供試体の寸法が大きくなるほど，コンクリート強度は小さくなる傾向にある。また，載荷速度が速くなればみかけの強度は増大することもわかっている。そのほか，コンクリート強度は，供試体の製作状態（不均質や充填不足など），キャッピングの良否，供試体が乾いているか濡れているかによっても異なる。

〔7〕 **圧縮強度試験**

〔a〕 **概　　　要**　コンクリートの圧縮強度試験は，JISの場合，「コン

クリートの圧縮強度試験方法（JIS A 1108）」および「コンクリートの強度試験用供試体の作り方（JIS A 1132）」に規定されている。圧縮強度試験のおもな目的は以下のとおりである。

① 任意の配合のコンクリート強度を把握し，さらに所要の強度のコンクリートを得るのに適した配合を選定する。
② 材料が適するかどうかを確認する。
③ 得られた圧縮強度より，引張強度などのほかの性質を推定する。
④ コンクリートの品質を管理する。
⑤ 型枠の取外し時期やプレストレスの導入の時期を決定する。

〔b〕 使用機械

① 圧縮試験装置：JIS B 7721 に規定された圧縮試験装置（図 2.25）を用いる。試験時の供試体の最大荷重は試験機の指示範囲の 20 ～ 100 ％になるように調整する。

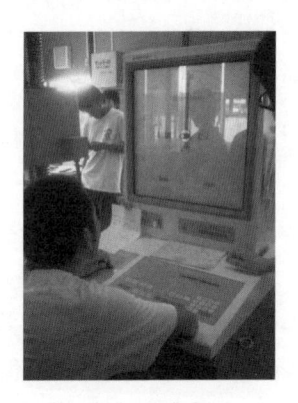

（a） 装置全体　　　　　　　　（b） 制御盤

図 2.25　圧縮試験装置

② 供試体をはさむ加圧板の直径は，供試体のそれよりも大きいものであること。また，供試体を加圧板に設置するときの誤差は，供試体直径の 1 ％以内であること。
③ 加圧板と供試体端面は密着できるように，上部加圧板は球面座を有して

## 2.5 硬化コンクリートの性質

いること。

〔**c**〕**供試体** JIS A 1132 では供試体の形状は円柱形（高さは直径の2倍）とされており，一般に直径 100 mm，高さ 200 m のものが用いられる。脱型後の供試体の直径および高さは，ノギスを用いて，それぞれ 0.1 mm および 1 mm の単位で測定する。直径は直交する 2 方向の平均を用いる。型枠にコンクリートを入れ終わってからしばらくすると，水分のみが上昇し固形分が沈下するため，**キャッピング**（capping）によりできる限り上面を平面に仕上げる必要がある（キャッピングを行わない場合は研磨により上部端面を仕上げる）。詰め込みから 24～48 時間後に型枠を取り外し，その後は試験実施まで水中養生あるいは湿潤養生を行う。試験を行う供試体の材齢は 1 週，4 週（および 13 週）とされている。

〔**d**〕**載荷方法と試験結果の整理** 載荷は供試体が破壊に至るまで行われる。載荷速度は初盤から中盤までは比較的速くてよいが，中盤以降の供試体への載荷速度は毎秒 $0.6 \pm 0.4 \mathrm{N/mm^2}$ となるように調節する必要がある。荷重は圧縮試験装置の表示板上で読み取ることができ，破壊に至るまでに記録した荷重の最大値が最大荷重 $P$ である。供試体の圧縮強度 $f'_c$ は，最大荷重を供試体の断面積 $A$ で除すことで得られる。よって，次式のようになる。

$$f'_c = \frac{P}{\pi \left(\dfrac{d}{2}\right)^2} \tag{2.25}$$

ここで，$f'_c$ は圧縮強度〔N/mm$^2$〕，$P$ は最大荷重〔N〕，$d$ は円柱供試体の直径

図 2.26 圧縮試験後の供試体

〔mm〕を表す。破壊後の供試体の概形はスケッチまたはカメラにより記録しておくとよい（**図 2.26**）。

### 2.5.2 引 張 強 度

〔1〕 **概　　要**　　コンクリートの**引張強度**（tensile strength）は割裂試験で間接的に求められる。**図 2.27** のように，横に寝かせた円柱供試体に対し，上下方向から圧縮荷重を加圧板を介して加えると，供試体内部の鉛直面を境に両方向に引張応力が一様に生じることになる。割裂試験は，直接引っ張ることが困難な供試体に対して実施される有効な試験方法である。供試体の割裂引張強度は次式より得られる。

$$f_t = \frac{2P}{\pi dl} \tag{2.26}$$

ここで，$f_t$ は割裂引張強度〔N/mm$^2$〕，$P$ は最大荷重〔N〕，$d$，$l$ はそれぞれ円柱供試体の直径および長さ〔mm〕を表す。

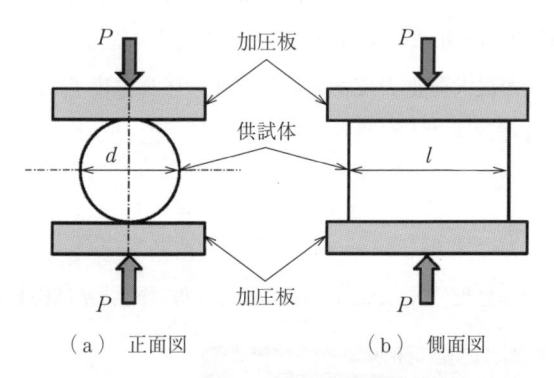

**図 2.27**　コンクリートの割裂引張強度試験

　試験方法等の詳細は，「コンクリートの割裂引張強度試験方法（JIS A 1113）」および「コンクリートの強度試験用供試体の作り方（JIS A 1132）」に規定されている。

　コンクリートの引張強度は，一般に圧縮強度の 1/10～1/13 程度である。コンクリート標準示方書には，以下に示す引張強度と圧縮強度の関係式が示さ

れている。

$$f_t = 0.23 f_c'^{\frac{2}{3}} \tag{2.27}$$

〔2〕**使用機械**　圧縮試験と同様に，JIS B 7721 に規定された圧縮試験装置を用いる。試験時の供試体の最大荷重は試験機の指示範囲の 20 〜 100 % になるように調整する。

〔3〕**供 試 体**　供試体の形状は円柱形で，直径は 100 mm 以上，長さは直径以上かつ直径の 2 倍以内と規定されている。通常用いられる供試体の直径 $d$ と長さ $l$ は，$d:100\,\text{mm} \times l:200\,\text{mm}$ や，$d:150\,\text{mm} \times l:150\,\text{mm}$ である。キャッピングの必要はなく，養生，試験を行う供試体の材齢については圧縮試験と同様である。

〔4〕**載荷方法と試験結果の整理**　供試体は，加圧板と供試体が供試体周面の一線上のみで接するように据えなければならない（図 2.28）。載荷は供試体が破壊に至るまで行われる。載荷速度は毎秒 $0.06 \pm 0.04\,\text{N/mm}^2$ で調節する。

（a）試験状況 　　　　　（b）破壊後の様子

図 2.28　試験状況および破壊後の供試体

## 2.5.3　曲げ強度

〔1〕**概　　要**　コンクリートの**曲げ強度**（flexural strength または modulus strength）は，道路あるいは滑走路の舗装版などの設計や品質管理に用いられる。また，コンクリートの引張強度を間接的に求めるためにも用いら

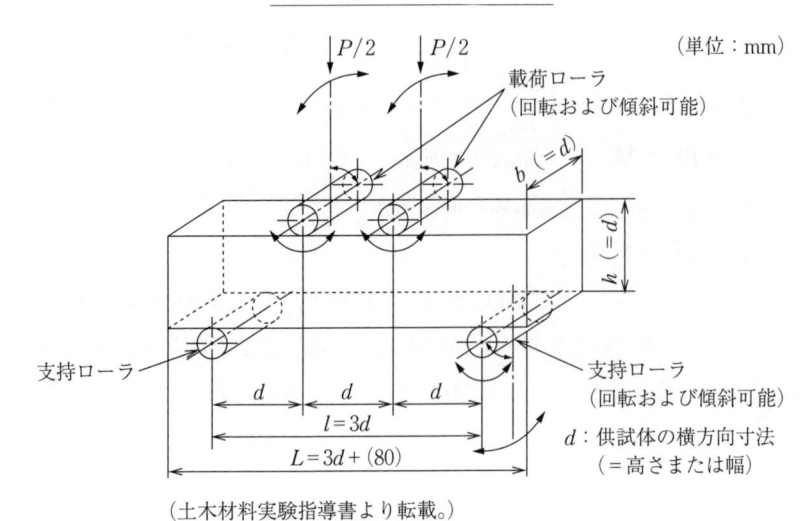

図2.29 コンクリートの曲げ強度試験（3等分点載荷装置）
（土木材料実験指導書より転載。）

れる。供試体の曲げ強度は，後述する曲げ強度試験（**図2.29**）に基づき，以下より算定される。

$$f_b = \frac{Pl}{bd^2} \tag{2.28}$$

ここで，$f_b$ は曲げ強度〔N/mm$^2$〕，$P$ は最大荷重〔N〕，$b$, $d$ はそれぞれ角柱供試体断面の幅および高さ〔mm〕，$l$ は支点間距離〔mm〕を表す（$l=3d$）。

コンクリートの曲げ強度は，一般に圧縮強度の1/5〜1/8程度である。コンクリート標準示方書には，以前は以下に示す曲げ強度と圧縮強度の関係式が示されていた。

$$f_b = 0.42 f_c'^{\frac{2}{3}} \tag{2.29}$$

しかし，現在の示方書には上式は示されておらず，代わりに以下に示す曲げひび割れ強度と圧縮強度の関係式が示されている。

$$f_{bck} = k_{0b}\, k_{lb}\, k_{tk} \tag{2.30}$$

$$k_{0b} = 1 + \frac{1}{0.85 + 4.5(h/l_{ch})}$$

## 2.5 硬化コンクリートの性質

$$k_{lb} = \frac{0.55}{\sqrt[4]{h}} \; (\geq 0.4)$$

$k_{0b}$：コンクリートの引張軟化特性に起因する引張強度と曲げ強度の関係を表す係数

$k_{lb}$：乾燥，水和熱など，その他の原因によるひび割れ強度の低下を表す係数

$h$：部材の高さ〔m〕（>0.2）

$l_{ch}$：特性長さ〔m〕（$=G_F E_C/f_{tk}^2$，$E_C$：ヤング係数，$G_F$：破壊エネルギー，$f_{tk}$：引張強度の特性値）

コンクリートの曲げ強度試験の方法および供試体の作成方法は「コンクリートの曲げ強度試験方法（JIS A 1106）」および「コンクリートの強度試験用供試体の作り方（JIS A 1132）」に規定されている。

〔2〕**使用機械** 試験装置は JIS B 7721 に規定された圧縮試験装置を用いてよい。試験中においてつねに供試体が安定して設置された状態であることが求められる。試験時の供試体の最大荷重は試験機の指示範囲の 20〜100％になるように調整する。

〔3〕**供試体** 供試体の形状は，JIS A 1132 に規定されているように，断面が正方形の角柱体とし，その一辺の長さは，粗骨材の最大寸法の4倍以上，かつ 100 mm 以上とする。また供試体のスパンは，断面の一辺の長さの3倍より 80 mm 以上長いものとする。通常，150×150×530 mm あるいは 100×100×400 mm の形状のものが用いられる。型枠への詰め込みから 24〜48 時間後に脱型，その後は試験実施まで水中養生あるいは湿潤養生を行う。試験を行う供試体の材齢は1週，4週が標準である。

〔4〕**載荷方法と試験結果の整理** 供試体は，コンクリートを型枠に詰めた時の側面を上下の面とし，支承の幅の中央に置き，スパンは供試体の高さの3倍とする。図 2.29 のように，スパンの3等分点に上部加圧装置を接触させる。このとき，載荷装置の接触面と供試体の面との間にすき間がないよう留意する。載荷重の速度は，縁応力度の増加率が毎秒 0.06±0.04 N/mm² となる

### 2.5.4 せん断強度

コンクリートの**せん断強度**(shear strength)は,直接せん断試験によって求めることができるが,この方法は曲げの影響が含まれるため,真のせん断強度が得られる訳ではない。そこでモールの応力円を用いて,間接的にせん断強度を求める方法がある。コンクリートのせん断強度 $f_s$ は,圧縮強度 $f'_c$ および引張強度 $f_t$ を用いて以下の式で算定できる。

$$f_s = \frac{\sqrt{f'_c f_t}}{2} \tag{2.31}$$

### 2.5.5 付着強度

鉄筋とコンクリートの付着力を構成する要素は,鉄筋とセメントペーストの粘着力,鉄筋とコンクリートの間の側圧力に基づく摩擦力,鉄筋表面の凹凸による機械的な付着力である。**付着強度**(bond strength)は鉄筋の配置方向や鉄筋の表面形状によって著しく異なる。コンクリート標準示方書には,JIS G 3112 の規定を満足する異形鉄筋について,以下に示す付着強度 $f_{bok}$ と圧縮強度 $f'_c$ の関係式が示されている。

$$f_{bok} = 0.28 f'^{\frac{2}{3}}_c \quad (ただし\ f_{bok} \leq 4.2\,\text{N}/\text{mm}^2) \tag{2.32}$$

### 2.5.6 支圧強度

プレストレストコンクリートの緊張材定着部や橋脚の支承部においては,部材面の一部のみに圧縮力が作用することが考えられる。このように局部荷重を受けるコンクリートの圧縮強度を**支圧強度**(bearing strength)といい,局部加圧試験によって求めることができる。コンクリート標準示方書には,以下に示す支圧強度 $f'_a$ と圧縮強度 $f'_c$ の関係式が示されている。

$$f'_a = \eta f'_c \tag{2.33}$$

$$\eta = \sqrt{\frac{A}{A_a}} \leq 2 \tag{2.34}$$

ここで，$A$ はコンクリート面の支圧分布面積，$A_a$ は支圧を受ける面積を表す．

### 2.5.7 疲労強度

コンクリート標準示方書では，以下のように規定されている．

静的破壊強度より低いコンクリートの圧縮，曲げ圧縮，引張および曲げ引張の設計**疲労強度**（fatigue strength）$f_{rd}$ は，一般に，疲労寿命 $N$ と永久荷重による応力度 $\sigma_p$ の関数として以下の式によって求めてよい．

$$f_{rd} = k_{1f} f_d = \left(1 - \frac{\sigma_p}{f_d}\right)\left(1 - \frac{\log N}{K}\right) \quad (\text{ただし } N \leq 2\times 10^6) \tag{2.35}$$

ここで，$f_d$ はコンクリートのそれぞれの設計強度で材料係数 $\gamma_c$ を 1.3 として求めてよい．ただし，$f_d$ は $f'_c = 50\,\mathrm{N/mm^2}$ に対する各設計強度を上限とする．普通コンクリートで継続してあるいはしばしば水で飽和される場合，および軽量骨材コンクリートの場合は $K = 10$ とし，その他の一般の場合は $K = 17$ とする．$k_{1f}$ は，圧縮および曲げ圧縮の場合 $k_{1f} = 0.85$，引張および曲げ引張の場合 $k_{1f} = 1.0$ とする．$\sigma_p$ は永久荷重によるコンクリートの応力度であるが，交番荷重を受ける場合には一般に 0 とする．

### 2.5.8 応力-ひずみ曲線および静弾性係数

〔1〕 **応力-ひずみ曲線**　コンクリートやモルタルの**応力-ひずみ曲線**（stress-strain curve）は図 2.30 のように低応力時より曲線となる．コンクリート標準示方書では，設計で用いるコンクリートの応力-ひずみ曲線を，図 2.31 のように 2 次曲線でモデル化している．

コンクリートの弾性係数は，圧縮強度の 1/3 点における割線係数で定義される．「コンクリートの静弾性係数試験方法（JIS A 1149）」に基づいて試験を行う場合，静弾性係数は，最大荷重の 1/3 に相当する応力値と，縦ひずみが $50 \times 10^{-6}$ のときの応力値を結ぶ線分の勾配として，次式より算定する（図

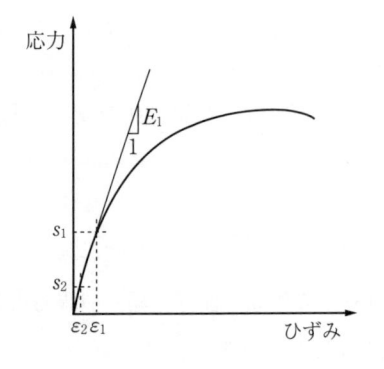

**図 2.30** 単調載荷時の応力-ひずみ曲線

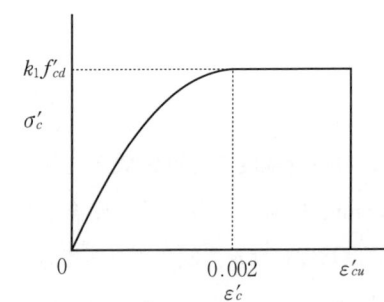

$k_1 = 1 - 0.003 f'_{ck} \leq 0.85$,

$\varepsilon'_{cu} = \dfrac{155 - f'_{ck}}{30\,000}$, $0.0025 \leq \varepsilon'_{cu} \leq 0.0035$

ここで，$f'_{ck}$ の単位は $N/mm^2$

曲線部の応力ひずみ式

$\sigma'_c = k_1 f'_{cd} \times \dfrac{\varepsilon'_c}{0.002} \times \left(2 - \dfrac{\varepsilon'_c}{0.002}\right)$

（土木学会コンクリート標準示方書より転載。）

**図 2.31** コンクリートのモデル化された応力ひずみ曲線

2.27 参照）。

$$E_1 = \frac{S_1 - S_2}{\varepsilon_1 - \varepsilon_2} \tag{2.36}$$

ここで，$E_1$〔$N/mm^2$〕は単調増加載荷により求めた静弾性係数，$S_1$〔$N/mm^2$〕は最大荷重の 1/3 に相当する応力，$S_2$〔$N/mm^2$〕は供試体の縦ひずみ $\varepsilon_2$ が $50 \times 10^{-6}$ のときの応力，$\varepsilon_1$ は応力 $S_1$ によって生じるひずみを表し，$\varepsilon_2 = 50 \times 10^{-6}$ である。

コンクリート標準示方書では，静弾性係数をコンクリート強度に応じて**表 2.13**に示した値としてよいとしている。

せん断力に対する弾性係数として**せん断弾性係数**（shearing modulus）$G$ がある。せん断弾性係数はポアソン比 $\nu$ を用いて，弾性定数間の関係から次式で

## 2.5 硬化コンクリートの性質

**表 2.13 コンクリートのヤング係数**

| $f'_c$ 〔N/mm²〕 | | 18 | 24 | 30 | 40 | 50 | 60 | 70 | 80 |
|---|---|---|---|---|---|---|---|---|---|
| $E_c$〔kN/mm²〕 | 普通コンクリート | 22 | 25 | 28 | 31 | 33 | 35 | 37 | 38 |
| | 軽量骨材コンクリート* | 13 | 15 | 16 | 19 | — | — | — | — |

\* 骨材をすべて軽量骨材とした場合

求められる。

$$G = \frac{E}{2(\nu+1)} \tag{2.37}$$

コンクリートの圧縮時のポアソン比は，一般に 1/5 ～ 1/7 程度である。またせん断弾性係数は一般に $G \fallingdotseq (0.42 \sim 0.44)E$ となる。

静弾性係数以外に，**動弾性係数**（dynamic elastic modulus）（試験方法：「共鳴振動によるコンクリートの動弾性係数試験（JIS A 1127)」）がある。動弾性係数は，円柱供試体（あるいは角柱供試体）のたわみ振動または縦振動の共鳴振動数を用いて算出される。動弾性係数は，静弾性係数よりも 10 ～ 40 %大きい値を示す。

〔2〕 **静弾性係数試験**

〔**a**〕 **概　　要**　コンクリートの静弾性係数を求める方法は「コンクリートの静弾性係数試験方法（JIS A 1149)」に規定されている。用いる供試体は圧縮強度試験で使用するものと同じであるため並行して試験が行われる場合もある。供試体の作り方は「コンクリートの強度試験用供試体の作り方（JIS A 1132)」に規定されている。この試験によってコンクリートのポアソン比（＝ －(横ひずみ/縦ひずみ)）も同時に求められる。

〔**b**〕 **使用機械，供試体，載荷方法**　使用する機械，供試体および載荷方法は基本的に，前述の圧縮試験と同様である。

〔**c**〕 **計測装置**　静弾性係数試験の方法は基本的に圧縮試験と同様である。ただし，供試体の縦ひずみと横ひずみを計測する必要がある。ひずみは原則として最大荷重の 1/2 まで測定する。また載荷重の間隔は，等間隔で，少なくとも 10 点程度記録できる必要がある。ひずみ測定器具は一般には検長 70

mm の電気抵抗線ひずみゲージ（粗骨材の3倍以上，かつ供試体高さの1/2以下であること）が用いられる。ひずみゲージ以外では，コンプレッソメータなども広く用いられている。ひずみゲージは，**図 2.32** に示すように，供試体の縦方向に2枚（縦ひずみ計測用），横方向に2枚（横ひずみ計測用），それぞれ相対する位置に貼付する。供試体の設置状況と試験の実施状況を**図 2.33** および**図 2.34** に示す。

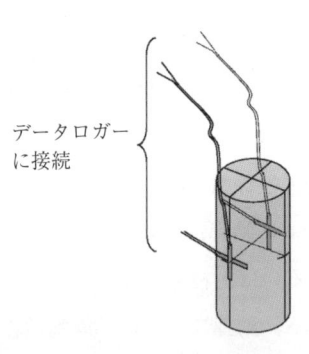

**図 2.32** ひずみゲージ設置状況

**図 2.33** 供試体の設置状況　　　　**図 2.34** 静弾性係数試験の実施状況

### 2.5.9 ク リ ー プ

〔1〕 **クリープひずみの定義**　コンクリートに持続荷重が作用すると，荷重の大きさが変化しない場合においても時間の経過とともにひずみが増大する（**図 2.35**）。この現象を**クリープ**（creep）といい，増大したひずみをクリープ

## 2.5 硬化コンクリートの性質

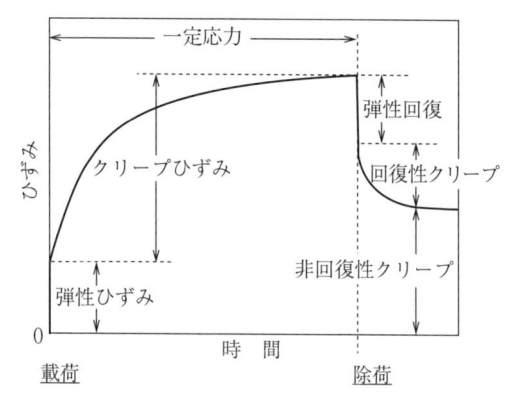

**図 2.35** クリープ-時間曲線
（川村満紀「土木材料学」森北出版より転載。）

ひずみという。クリープは載荷応力にほぼ比例するが，ある程度以上載荷応力が大きくなればついには破壊に至る。これをクリープ破壊と呼び，クリープ破壊の起こる下限の応力をクリープ限度と呼ぶ。コンクリートのクリープ限度は，コンクリート強度のおよそ 75 ～ 85 ％程度である。

〔2〕 **クリープに影響する因子**　クリープに影響する因子として，湿度，部材寸法，配合（セメントペースト量や水セメント比），骨材性状，載荷応力，載荷時材齢などが挙げられる。以下に各因子がどのように影響するかを列挙する。

- 載荷期間中の大気湿度が低いほどクリープひずみは大きい。これは，コンクリートが乾燥するとクリープが助長されることを意味する。
- 部材寸法が小さいほどコンクリートが乾燥しやすいため，クリープひずみが大きくなる。
- セメントペースト量が多いほどクリープひずみは大きい。
- 水セメント比が大きいほどクリープひずみは大きい。
- 組織が密実でない骨材を用いた場合や，粒度が不適当で空隙が多いコンクリートはクリープひずみが大きい。
- 載荷応力が大きいほどクリープひずみは大きい。

- 載荷時材齢が若いほどクリープひずみは大きい。

〔3〕 **クリープひずみの算出**　コンクリート標準示方書では，コンクリートのクリープひずみは，作用する応力による弾性ひずみに比例するとして，以下に示す式から求めてよいとしている。また，普通コンクリートのクリープ係数を**表2.14**のように与えている。

$$\varepsilon'_{cc} = \frac{\varphi \sigma'_{cp}}{E_{ct}} \tag{2.38}$$

ここで，$\varepsilon'_{cc}$はコンクリートの圧縮クリープひずみ，$\varphi$はクリープ係数，$\sigma'_{cp}$は作用する圧縮応力度，$E_{ct}$は載荷時材齢のヤング係数を表す。

**表2.14**　普通コンクリートのクリープ係数

| 環境条件 | プレストレスを与えたときまたは載荷するときのコンクリートの材齢 | | | | |
|---|---|---|---|---|---|
| | 4～7日 | 14日 | 28日 | 3か月 | 1年 |
| 屋外 | 2.7 | 1.7 | 1.5 | 1.3 | 1.1 |
| 屋内 | 2.4 | 1.7 | 1.5 | 1.3 | 1.1 |

### 2.5.10　乾燥収縮

コンクリートに荷重が作用しない場合でも変形すなわち体積変化が生じる。体積変化には，**乾燥収縮**（drying shrinkage），自己収縮，温度変化による体積変化がある。コンクリートは吸水または乾燥によって，膨張または収縮する。乾燥によりコンクリート中の含水率が小さくなることで生じる変形を乾燥収縮という。乾燥収縮は，単位セメント量および単位水量が多いほど大きくなる傾向があるが，単位水量の影響が著しくなる。また部材寸法が大きいほど小さくなる。

コンクリート標準示方書では，圧縮強度が55 N/mm²以下の普通コンクリートの収縮ひずみの大きさおよび進行速度を，環境の湿度，部材寸法の影響を加味して求める場合，次式を用いてよいとしている。

$$\varepsilon'_{cs}(t, t_0) = \left[1 - \exp\left\{-0.108(t - t_0)^{0.56}\right\}\right] \cdot \varepsilon'_{sh} \tag{2.39}$$

ここで，$\varepsilon'_{cs}(t, t_0)$はコンクリートの材齢$t_0$から$t$までの収縮ひずみ〔$\times 10^{-5}$〕，

$\varepsilon'_{sh}$ は収縮ひずみの最終値〔$\times 10^{-5}$〕を表す。

### 2.5.11 コンクリートの耐久性

有害物質とセメント硬化体を構成する成分との化学反応，セメントペーストと骨材の相互作用，コンクリート内部の水の凍結，水分の逸散による容積変化，水溶性成分の溶出，コンクリート中の鉄筋の腐食などにより，コンクリートの性質は時間の経過とともに変化する。以下に，コンクリートの代表的な劣化現象を説明する。

〔1〕**中 性 化**　コンクリート中の細孔溶液中の pH は通常 12 ～ 13 程度を示す。このような強アルカリ環境下において，鋼材のまわりには**不動態被膜**が形成され一般的に腐食しない。しかし，大気中の二酸化炭素がセメント水和物と炭酸化反応を起こし細孔溶液中の pH を低下させる現象（**炭酸化**（carbonation of concrete））が起きる。炭酸化によって pH は 8.5 ～ 10 程度に低下し，そのために鉄筋まわりに生成されていた不動態被膜は破壊され，外からの水分と酸素の供給によって鋼材が腐食する。以上のような現象を一般に**中性化**（neutralization of concrete）という。中性化によってコンクリートにひび割れやはく離を生じさせ，さらに鉄筋断面減少，耐荷力低下などコンクリート構造物としての性能低下につながる。中性化の事例を**図 2.36** に示す。

中性化による鋼材の腐食を防止するためには，密実なコンクリートとすることで，中性化の進行速度と酸素や水分の透過性を小さくするなどの対策が挙げ

図 2.36　中性化の事例（高欄部に見られた内部鉄筋腐食）

られる。

〔2〕**塩　　害**　塩害は，コンクリート中の塩化物イオン（Cl⁻）によって，鋼材まわりの不動態被膜が破壊され鉄筋が腐食する現象である。塩害の事例を**図 2.37** に示す。塩化物イオンは，海砂などコンクリート製造時に使用した材料から供給される場合と，凍結防止剤や海水（飛来塩分，飛沫帯にある構造物など）のように，外部環境から供給される場合が考えられる。鋼材の腐食形態はおおよそ中性化と同様であるが，構造物の設置環境によっては，塩化物イオンが集中的に高くなる箇所があるため，中性化と比較すると，その発生が局所的となったり，腐食速度が速まったりする場合もある。塩害の進行状況は，コンクリート中の塩化物イオン濃度を測定することで把握できる。**腐食発生限界塩化物イオン濃度**は，コンクリートの品質，構造物の環境条件によって変化するため，点検による鋼材の腐食状態と鋼材位置の**塩化物イオン濃度**との関係から求めるのが原則であるが，一般には $1.2\,\mathrm{kg/m^3}$ としてよい。塩害による鋼材の腐食を防止するためには，① コンクリートに混入する塩化物の量をある限度以下にする（土木学会コンクリート標準示方書では塩化物イオン量として $0.3\,\mathrm{kg/m^3}$ 以下に制限），② 外部より塩化物イオンが供給される環境ではかぶり厚を大きくするなどの配慮が必要となる。

〔3〕**アルカリシリカ反応**　アルカリシリカ反応（alkali-silica reaction, ASR）は，コンクリート中のアルカリ性水溶液と骨材中の反応性シリカ鉱物が

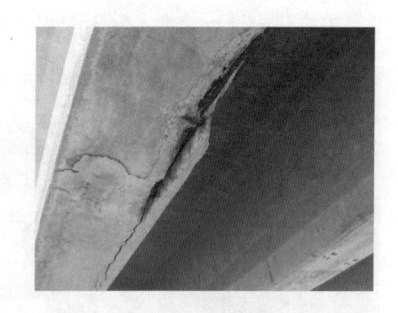

(a) 概観図　　　　　　　　(b) 拡大図

**図 2.37** 塩害の事例（河口域に架設された橋桁の鉄筋腐食）

反応してアルカリシリカゲルを生成し,それが細孔溶液を吸水することで,コンクリートに異常膨張やひび割れを発生させる現象である。ASRによるひび割れはコンクリート内部の骨材まわりから生じ,これがたがいに連結することによって,コンクリート表面に亀甲状のひび割れとなって現れる。ASRの事例を図2.38に示す。RC構造あるいはPC構造では,鋼材によってひび割れが拘束されるため,それらに沿ったひび割れとして表面化することが多い。

**図2.38** アルカリシリカ反応の事例
（橋台部に見られた亀甲状のひび割れ）

〔4〕 **化学的浸食**　化学的浸食（chemical attack）は,酸性物質,硫酸イオン,塩,腐食性ガスなどによる硫酸塩劣化や酸性劣化現象を指す。これらの物質がコンクリート表面へ付着することにより,コンクリート硬化体の分解や化合物生成時の膨張を引き起こし,結果的に,表層部の脱落や骨材露出によるコンクリート断面の減少を引き起こす。酸性河川流域の構造物や下水道関連施設また化学工場などで問題となる場合が多い。このような劣化は,通常,目視が困難な箇所に生じるために,鋼材腐食が進んだ状態で発見されることも多い。

〔5〕 **凍　害**　凍害（frost damage）は,コンクリート中の水分が長年にわたって凍結膨張と融解を繰り返すことによって,コンクリートが徐々に劣化していく現象である。コンクリート表面から徐々に劣化していき,微細ひび割れ,**スケーリング**（scaling）（表面が薄片状に剥離・剥落すること）,**ポップアウト**（pop-out）（表層下の骨材粒子などの膨張による破壊でできた表面の円錐状の剥離）などの形で表面化する。

微細ひび割れやスケーリングは，セメントペーストの部分が劣化し，コンクリートの品質が劣る場合や，適切な空気泡が連行されていない場合に多く発生する。ポップアウトは骨材の品質が悪い場合に観察されることが多い。

〔6〕 **すり減り**　すり減りは，舗装，床，水中の橋脚，港湾，ダムや水路などの水利施設で，水流や車輪などの摩擦作用により，コンクリート断面が時間とともに欠損していく現象である。

## 2.6　レディミクストコンクリート

コンクリート製造設備を有するプラントから荷卸し地点における品質を指定して購入することができるフレッシュコンクリートのことを，一般にレディミクストコンクリートという。JIS A 5308 には，その種類，品質，配合方法，材料，製造方法，試験方法，検査方法，製品の呼び方，報告方法が規定されている。

レディミクストコンクリートの種類は，普通コンクリート，軽量コンクリー

表 2.15　レディミクストコンクリートの種類

| コンクリートの種類 | 粗骨材の最大寸法〔mm〕 | スランプまたはスランプフロー〔cm〕* | 呼び強度〔N/mm²〕 | | | | | | | | | | | | | |
|---|---|---|---|---|---|---|---|---|---|---|---|---|---|---|---|---|
| | | | 18 | 21 | 24 | 27 | 30 | 33 | 36 | 40 | 42 | 45 | 50 | 55 | 60 | 曲げ4.5 |
| 普通コンクリート | 20, 25 | 8, 10, 12, 15, 18 | ○ | ○ | ○ | ○ | ○ | ○ | ○ | ○ | ○ | ○ | — | — | — | — |
| | | 21 | — | ○ | ○ | ○ | ○ | ○ | ○ | ○ | ○ | ○ | — | — | — | — |
| | 40 | 5, 8, 10, 12, 15 | ○ | ○ | ○ | ○ | — | — | — | — | — | — | — | — | — | — |
| 軽量コンクリート | 15 | 8, 10, 12, 15, 18, 21 | ○ | ○ | ○ | ○ | ○ | — | — | — | — | — | — | — | — | — |
| 舗装コンクリート | 20, 25, 40 | 2, 5, 6.5 | — | — | — | — | — | — | — | — | — | — | — | — | — | ○ |
| 高強度コンクリート | 20, 25 | 10, 15, 18 | — | — | — | — | — | — | — | — | — | ○ | — | — | — | — |
| | | 50, 60 | — | — | — | — | — | — | — | — | — | — | ○ | ○ | ○ | — |

\*　荷卸し地点の値であり，50 cm および 60 cm がスランプフローの値である。

ト，舗装コンクリートおよび高強度コンクリートに区分され，粗骨材の最大寸法，スランプおよび呼び強度を組み合わせた**表 2.15** に示す○印のものである。

購入者に対して誤りがないよう，**図 2.39** のような表示内容とすることが定められている。購入者が生産者と協議の上，指定できるものは，セメントの種類，骨材の種類，粗骨材の最大寸法，骨材のアルカリ反応性による区分と抑制方法，混和材料の種類，軽量コンクリートの場合のコンクリートの単位容積質量，コンクリートの最高または最低温度などである。

```
普通  24  10  20  N
              │    └→ セメントの種類
          │    └──→ 粗骨材の最大寸法〔mm〕
      │    └──────→ スランプまたはスランプフロー〔cm〕
  │    └──────────→ 呼び強度〔N/mm²〕
  └──────────────→ コンクリートの種類
```

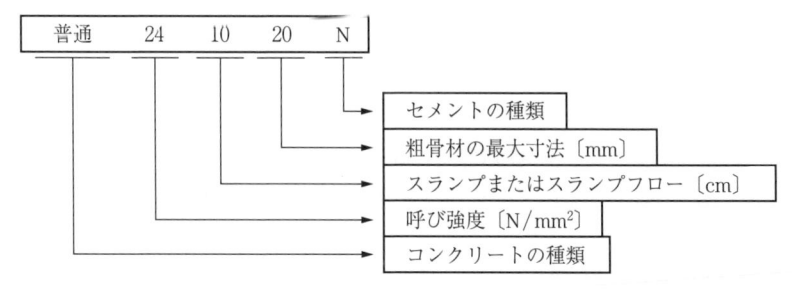

**図 2.39** レディミクストコンクリートの表示方法

## 2.7 特殊コンクリート

### 2.7.1 軽量コンクリート/重量コンクリート

一般に用いられている骨材の密度は $2.6 \sim 2.7 \, \mathrm{g/cm^3}$ 程度である。これに対して密度が $2.0 \, \mathrm{g/cm^3}$ 以下のものを軽量骨材，$4.0 \, \mathrm{g/cm^3}$ 以上のものを重量骨材と呼ぶ。それらを用いたコンクリートが，それぞれ**軽量コンクリート**（lightweight concrete），**重量コンクリート**である。軽量骨材は強度が低いものが多いため，構造部材に用いる場合は規定の強度以上のものを使用しなければならない。軽量骨材の用途としては，例えば洋上コンクリートプラント船の船体などに使用される。一方，重量骨材は，放射線遮蔽用のコンクリートや水中構造物に用いられる。

## 2.7.2 膨張コンクリート

**膨張コンクリート**（expansive concrete）とは，膨張材や膨張セメントを使用して，硬化の前に体積膨張するようにしたコンクリートのことで，大きく，収縮補償用コンクリートとケミカルプレストレス用コンクリートの二つに分類される。収縮補償用コンクリートは，貯水槽や浄水場，下水処理場等の水利構造物に使用される。ケミカルプレストレス用コンクリートは，ボックスカルバートやコンクリート鋼管複合杭などに使用される。

## 2.7.3 繊維補強コンクリート

コンクリート中に，鋼繊維や合成繊維などの短繊維を混入・分散させることにより，コンクリートの曲げ強度，ひび割れ抵抗性，じん性，引張強度，せん断強度，耐衝撃性を向上させたコンクリートを**繊維補強コンクリート**（fiber reinforced concrete）という。コンクリート補強用として通常用いられている鋼繊維は，長さ $25 \sim 40\,\mathrm{mm}$，直径 $0.3 \sim 0.6\,\mathrm{mm}$ のものが一般的である。またその混入量はコンクリートに対する容積率で $0.5 \sim 2.0\,\%$ である。山岳トンネルの覆工コンクリートや法面の安定処理用として使用される。

## 2.7.4 高強度コンクリート

コンクリートの内部には通常，気泡や空隙，また乾燥収縮などによるひび割れなどの欠陥が多数存在する。これらの欠陥を除去することができれば，より高い強度のコンクリートをつくることができる。高性能 AE 減水剤などを用いて水セメント比を低下させ，強度を高めたコンクリートのことを**高強度コンクリート**（high strength concrete）という。高い強度の発現が期待できるが，最大ひずみは普通のコンクリートより小さくなる。どの程度の強度を高強度と考えるかは，時代とととともに変わってきている。1950 年ごろは $30\,\mathrm{N/mm^2}$ 以上のものが高強度コンクリートと呼ばれていたが，1980 年代には $50 \sim 80\,\mathrm{N/mm^2}$ のものが対象となり，現在においては $100\,\mathrm{N/mm^2}$ 以上の超高強度コンク

## 2.8 コンクリートの非破壊試験

### 2.8.1 硬化コンクリートのテストハンマー強度試験

〔1〕 概　　要　　非破壊試験（non-destructive test）とは，一般に構造物の損傷や劣化を，対象を破壊することなく検出する試験のことを指す。コンクリート表面の反発度から，コンクリートの強度や品質分布を推定する簡易な方法であり，その試験方法は「硬化コンクリートのテストハンマー強度の試験方法（案）」（JSCE-G-504）に規定されている。テストハンマーは，ばね，または重力を利用してコンクリート表面を重錘で打撃し，それによって生じる反発度が数値として読み取れる構造となっている。テストハンマーは例えばシュミットハンマーN型（ばね型）（図2.40）やシュミットハンマーP型（重力型）などがある。本試験で得られるテストハンマー強度$F$は，標準円柱供試体の圧縮強度に対し±50％程度異なる場合がある。

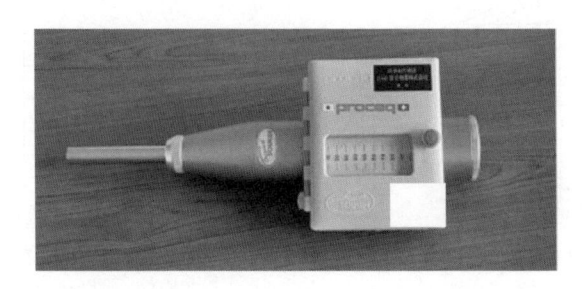

図2.40　シュミットハンマーN型

〔2〕 測定面およびその処理　　厚さ100 mm以下の床版や壁，一辺が150 mm以下の断面の柱など小寸法で，支間の長い部材への適用は避けなければならない。測定面には表面組織が均一でかつ平滑な平面部を選定する。測定面に凹凸や付着物，仕上げ層がある場合はこれらを測定前に除去する必要がある。打撃は常に測定面に垂直に行う。ばね式のハンマーであれば，鋼棒に徐々に力

を加え打撃を起こさせて測定する。1か所の測定打撃点数は，縁部から30 mm以上離れたコンクリート面で，たがいに30 mm以上の間隔を持った20点とする。テストハンマーによって測定された反発度（測定反発度 $R$）は，全測定値を平均して計算し，有効数字3桁に丸める。

〔3〕 **テストハンマー強度の算出** 日本材料学会が提案するN型シュミットハンマーを用いた場合のテストハンマー強度 $F$ は，測定反発度を打撃方向やコンクリートの状態を考慮して補正した基準反発度 $R_0$ を用いて，以下で表される。

$$F = -18.0 + 1.27 \times R_0 \quad [N/mm^2], \qquad R_0 = R + \Delta R \qquad (2.40)$$

ここに補正値（$\Delta R$）は，打撃方向が水平でなかった場合は傾斜角度に応じて図 2.41 から，コンクリートが打撃方向に直角な圧縮応力を受けている場合はその圧縮応力の大きさに応じて図 2.42 から決定する。水中養生を持続したコンクリートを乾かさずに測定した場合は $\Delta R = +5$ とする。

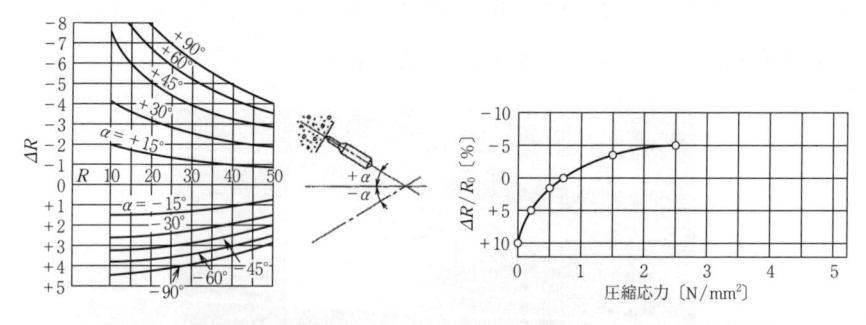

図 2.41 打撃方向の補正値

図 2.42 応力による補正値

### 2.8.2 ひび割れ幅・深さ

■ **概　　要**　コンクリートのひび割れは，その場所や規模によっては鉄筋腐食を促進することがあるため，その深さを確認する必要がある。コンクリートのひび割れ幅を確認するためには 0.05 mm 以上のひび割れ幅が数値とともに印刷された薄い透明なプラスチックシート（クラックスケール（図 2.43））が用いられる。これをひび割れ部に重ねることでその幅を直接確認で

## 2.8 コンクリートの非破壊試験

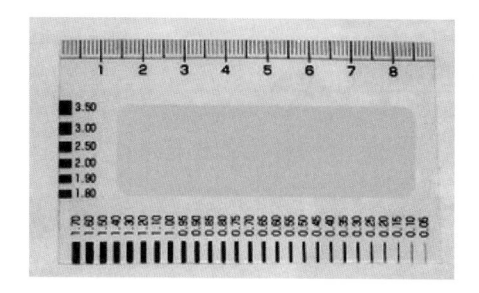

**図 2.43** クラックスケール

きる。一方，ひび割れ深さは目視できないために，コンクリート媒質内を進む縦波パルスの伝播特性を利用した**超音波**（ultrasonic）による計測が行われる。

主なひび割れ深さの測定方法として，ひび割れ深さ測定方法試案（JCI）があり，ここではその評価法の概要を紹介する。

ひび割れ深さ測定の原理と，発信および受信探触子の配置状況を**図 2.44** に示す。ひび割れ位置から等距離（$a_1$, $a_2$（$=2a_1$））の位置に探触子を配置する。$a_1$, $a_2$ はそれぞれ探触子の中心までの距離とする。ひび割れ深さ $y$ は，距離 $a_1$, $a_2$ での伝播時間 $T_1$, $T_2$ から次式により求める。

$$y = a_1 \sqrt{\frac{4T_1^2 - T_2^2}{T_2^2 - T_1^2}} \tag{2.41}$$

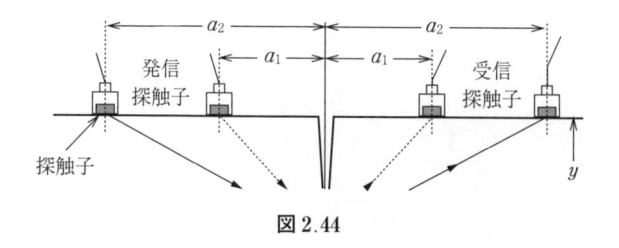

**図 2.44**

発信探触子への入力波は，一般に立ち上がりの鮮明なバースト波が用いられるが，媒質中を伝播した後，受信探触子で観測される受信波の形状はノイズ等の影響により鮮明ではなくなる。よって，適宜受信波を増幅し，受信波の波頭を明確にする必要がある。

### 2.8.3 中性化深さの測定方法

〔1〕**概　　要**　コンクリート中性化深さは，フェノールフタレイン溶液を用いてコンクリートの呈色状態から確認することができる。試験室または現場で作成し，屋内または屋外などに保存されたコンクリート供試体，コンクリート構造物，またはコンクリート製品から採取されたコア供試体，コンクリート構造物をはつった部分などに適用できる。コンクリートの中性化深さの測定方法（JIS A 1152）に規定されている。

〔2〕**試　　薬**　JIS K 8001 の 4.4（指示薬）に規定されたフェノールフタレイン溶液（95 % エタノール 90 ml にフェノールフタレインの粉末 1 g を溶かし，水を加えて 100 ml としたもの）またはこれと同等の性能を持つ試薬を用いる。

〔3〕**中性化深さの測定**　測定面の処理後，ただちに測定面に試薬を噴霧器で液が滴らない程度に噴霧する（**図2.45**）。コンクリート表面から赤紫色に呈色した部分までの距離を 0.5 mm 単位で測定する。測定位置に粗骨材の粒子がある場合は，粒子の両端の中性化位置を結んだ直線状で測定する。平均中性化深さは，測定値の合計を測定箇所数で除して求め，四捨五入によって小数点以下 1 桁に丸める。

**図2.45**　中性化深さの測定状況

## 2.9　リサイクル

〔1〕**コンクリート塊の再利用の現状**　建設廃棄物は，全産業廃棄物排出

量の約2割，最終処分量の約2割，また不法投棄量の約7割を占め，その発生抑制とリサイクルの促進は重要な課題である。建設廃棄物の排出量は全国で，1995（平成7）年度が約9910万トン，2000（平成12）年度が約8480万トンであった。平成14年5月に，分別解体等および再資源化等の義務付け・発注者・受注者間の契約手続きの整備・解体工事業者の登録制度の創設などが具体的に示された建設リサイクル法が完全施行された。その後も，建設廃棄物の排出量は，平成14年度が約8270万トン，平成17年度が約7700万トン，平成21年度が約7400万トンと着実に減少の傾向にある。また再資源化率は，**表2.16**に示すように，平成17年度が92.2%であるのに対し，平成20年度は93.7%に増加するなどリサイクルが着実に進められている。

表2.16　建設副産物の品目別再資源化率

| | 平成17年度実績 | 平成20年度実績 | 平成24年度目標 |
|---|---|---|---|
| 建設廃棄物 | 92.2% | 93.7% | 94% |
| コンクリート塊 | 98.1% | 97.3% | 98%以上 |
| アスファルト・コンクリート塊 | 98.6% | 98.4% | 98%以上 |
| 建設発生木材 | 68.2% | 80.3% | 77% |
| | 90.7% | 89.4% | 95%以上 |
| 建設混合廃棄物（排出量） | 293万t | 267万t | 205万t（平成17年度の排出量に対して30%削減） |
| 建設汚泥 | 74.5% | 85.1% | 82% |
| 建設発生土（有効利用率） | 80.1% | 78.6% | 87% |

（注）　影をつけた箇所の数字は縮減（焼却，脱水）を含む。
（資料：国土交通省「平成20年度建設副産物実態調査」）

コンクリート塊の再資源率の実績値は平成17年度において98.1%と高水準を保っている。これらはほぼ再生砕石や再生砂として再利用されたものであり，その量はそれぞれ約2790万トン，約360万トンであった。一方，粗骨材や細骨材など再生コンクリート骨材として再利用された事例は多くなく，その量は数万トン（内訳：粗骨材35%，細骨材30%，細粒分34%，水分1%）

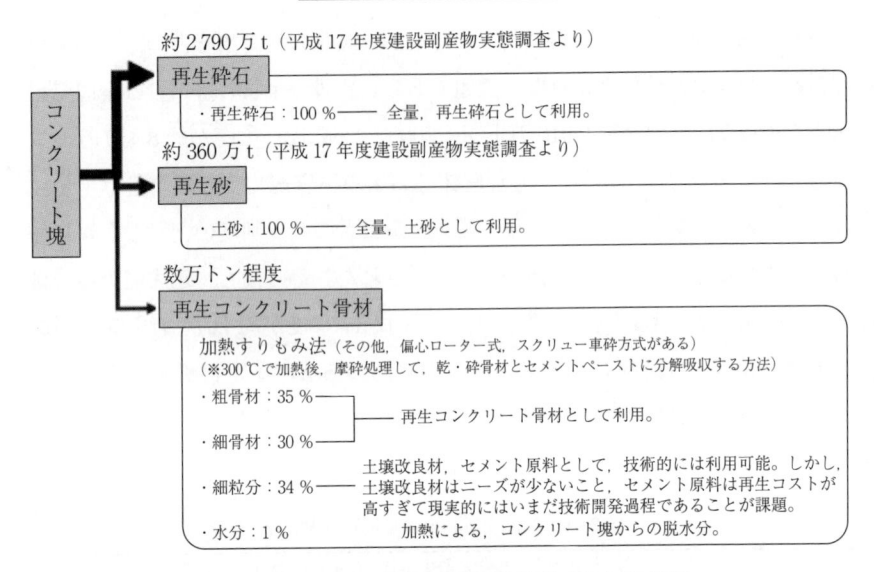

```
コンクリート塊 ─┬→ 再生砕石    約2790万t(平成17年度建設副産物実態調査より)
                │   ・再生砕石:100% ── 全量, 再生砕石として利用。
                │
                ├→ 再生砂      約360万t(平成17年度建設副産物実態調査より)
                │   ・土砂:100% ── 全量, 土砂として利用。
                │
                └→ 再生コンクリート骨材  数万トン程度
                    加熱すりもみ法(その他, 偏心ローター式, スクリュー車砕方式がある)
                    (※300℃で加熱後, 摩砕処理して, 乾・砕骨材とセメントペーストに分解吸収する方法)
                    ・粗骨材:35% ──┐
                                    ├── 再生コンクリート骨材として利用。
                    ・細骨材:30% ──┘
                                    土壌改良材, セメント原料として, 技術的には利用可能。しかし,
                    ・細粒分:34% ── 土壌改良材はニーズが少ないこと, セメント原料は再生コストが
                                    高すぎて現実的にはいまだ技術開発過程であることが課題。
                    ・水分:1%       加熱による, コンクリート塊からの脱水分。
```

**図2.46** コンクリート塊の再資源化状況(平成17年度)

にとどまっている(図2.46)。

〔2〕 **コンクリート塊および再生骨材の再利用例** コンクリート塊のリサイクル事例としては, 盛土材への利用, 老朽化した桟橋上部コンクリートの漁礁への利用, ケーソン中詰材への利用などがある。また, 解体時に発生するコンクリート塊から再び骨材を取出し, 新設の建材として再生利用した事例など多くのリサイクル実績がある。

〔3〕 **再生骨材に関する課題** コンクリート塊には吸水率が大きくなる原因となるモルタル分が付着しているため, 再生骨材として利用するためにはできる限りそれらを取り除いておく必要がある。また一般的に再生骨材の力学的性質や耐久性は, 一般的なコンクリートと比較して劣るので, 使用に際しては, 構造物の性能や用途を踏まえておかなければならない。コンクリート塊から再生骨材を分類して取り出すためには, 技術的な課題をクリアする必要がある。これらに関する研究・開発が官民で盛んに行われている。

## 演 習 問 題

〔1〕 セメントの種類とそれぞれの特徴，また水和反応について説明せよ。
〔2〕 混和材の種類と概要について説明せよ。
〔3〕 フレッシュコンクリートの特性について説明せよ。
〔4〕 気象条件の激しい場所に造る鉄筋コンクリート擁壁に用いるAEコンクリートの配合を設計せよ。

［設計条件］
- 設計基準強度 $f'_{ck} = 20\,\text{N}/\text{mm}^2$
（設計基準強度の割り増しを1.2とする（配合強度 $f'_c = 24\,\text{N}/\text{mm}^2$）。）
- スランプ：$12 \pm 1.5$〔cm〕，空気量：$4.5 \pm 0.5$〔％〕，AE剤：セメント質量の 0.03 ％

［材料特性］
　　（セメント）　密度：　$3.15\,\text{g}/\text{cm}^3$（普通ポルトランドセメント）
　　（細骨材）　粗粒率：　2.55,　　表乾密度：　$2.60\,\text{kg}/l$,　　表面水率：　2.75 ％
　　（粗骨材）　粗粒率：　6.78,　　表乾密度：　$2.72\,\text{kg}/l$,　　最大寸法：　20 mm

［水セメント比の修正式］
　　$f'_c = -3.17 + 15.8\,C/W$ とする（28日圧縮強度と $W/C$ の関係より）。

〔5〕 コンクリートの材齢と強度の関係について説明せよ。
〔6〕 硬化コンクリートのクリープ現象とその影響因子について説明せよ。

# 3章 鉄 鋼

## ◆本章のテーマ

　建設材料，特に構造用材料として現在おもに用いられているのは，コンクリートと鉄鋼である。鉄鋼は一般に引張に対する強度がきわめて高く，コンクリートを用いた構造物に比べ，軽量な構造物を作ることができる。また，加工性にも優れている。
　本章では，主に鉄鋼の製造方法，加工性と溶接性，機械的・化学的性質，種類と用途などについて述べる。また，鋳鉄，合金鋼，鉄鋼のリサイクルについてもその概要を紹介する。

## ◆本章の構成（キーワード）

3.1　鉄鋼材料とは
　　　鉄と鋼，歴史，使用量
3.2　製造法
　　　製造プロセス，材質の制御
3.3　加工と溶接性
　　　熱間加工と冷間加工，塑性変形による組織の変化，ひずみ時効，ぜい化現象，溶接部の構成，溶接性に関連するパラメータ，溶接割れ
3.4　性　質
　　　密度，応力‐ひずみ関係，弾性係数，引張特性，疲労特性，衝撃特性，耐腐食性
3.5　種類と用途
　　　形状による分類，構造用鋼材，鉄筋コンクリート用棒鋼，PC鋼材，高力ボルト，溶接材料，高性能鋼材
3.6　鋳　鉄
　　　分類，ねずみ鋳鉄，球状黒鉛鋳鉄，可鍛鋳鉄
3.7　合金鋼
　　　ニッケル鋼，ニッケルクロム鋼，ステンレス鋼
3.8　リサイクル
　　　循環図

## ◆本章を学ぶとマスターできる内容

☞　鉄と鋼の違い，鉄鋼の歴史，
☞　鋼材の機械的・化学的性質，
☞　鉄鋼リサイクルの現状
☞　鋼材の製造法と使用量
☞　鉄鋼の種類・規格と用途

## 3.1 鉄鋼材料とは

鉄 (iron) は，地殻構成元素のうち，酸素 (O)，ケイ素 (Si)，アルミニウム (Al) についで多い元素であり，自然界においては鉄鉱石中に酸化鉄として存在する。鉄鉱石の埋蔵量は全世界で約8千億tといわれており，代表的なものは赤鉄鉱 ($Fe_2O_3$) と磁鉄鉱 ($Fe_2O_4$) である。鉄鉱石には酸化鉄以外に，ケイ酸 ($SiO_4$)，石灰 (CaO)，アルミナ ($Al_2O_3$)，リン (P)，硫黄 (S) などが含まれている。中国，ブラジル，オーストラリア，旧ソ連，インド，アメリカ合衆国，カナダ，南アフリカなどが主な産地であるが，リンや硫黄の含有量は産地によって大きく異なる。

鉄は，道具の材料として，人類にとって最も身近な金属元素の一つであり，様々な器具や構造物に利用されてきた。鉄を最初に使い始めたのはヒッタイトであるといわれている。ヒッタイト以前の紀元前18世紀ごろには，すでに製鉄技術があったことが発掘された鉄によって明らかになっているが，その重要性が一段と増したのは，産業革命以降である。

産業革命後の19世紀初期のイギリスにおける鉄の製造技術は，石炭を燃料とする銑鉄精錬用反射炉（パドル炉）によって**錬鉄**（wrought iron）をつくる方法がほとんどであった。しかし，産業の急速な発展に伴う鉄の需要増に対応できなくなり，新しい製鉄法が求められていた。

1855年に発明されたベッセマーの転炉製鋼法は，溶銑を溶鋼に転換する方法で，銑鉄を鍛造・圧延できる**鋼** (steel) に変えた「鋼の時代」の幕開けであった。その後，平炉製鋼法（1865年）などの発明によって鋼材の大量生産が可能となり，1885年以降溶鋼生産は錬鉄を上回り，「鋼の時代」となった。

鉄金属は，炭素含有量によって**表3.1**のように分類される。すなわち，炭素を多過ぎず，少な過ぎず，適切な量含んでいる鉄金属が鋼である。錬鉄は炭素含有量がきわめて少なく，**鋳鉄** (cast iron) は2％を超える炭素を含んでいる。このように，"鉄"と"鋼"とは明確に使い分けられている。

鉄金属は人類の科学の進歩を支えたと言っても過言ではない。現在，鉄金属

## 3. 鉄　　　　鋼

表3.1　炭素含有量による鉄金属の分類

| 種類 | 炭素C〔%〕 | 硫黄S〔%〕 | リンP〔%〕 |
|---|---|---|---|
| 銑鉄 | 3.00～4.00 | 0.02～0.10 | 0.03～1.00 |
| 電解鉄 | 0.00～0.02 | 0.013 | 0.00 |
| 鋳塊鉄 | 0.01～0.04 | 0.023 | 0.017 |
| 錬鉄 | 0.02～0.06 | 0.02～0.05 | 0.05～0.20 |
| ねずみ鋳鉄 | 2.50～3.75 | 0.06～0.12 | 0.10～1.00 |
| 可鍛鋳鉄 | 2.00～2.50 | 0.04～0.06 | 0.10～0.20 |
| 炭素鋼 | 0.03～1.70 | 0.00～0.06 | 0.00～0.06 |

はさまざまな工業製品に利用されており，金属製品の90%以上が鉄でできているといわれている。建設分野は，**図3.1**に示す産業別普通鋼材使用量の割合からわかるように，全産業中最も鉄を利用しており，43%を占めている。

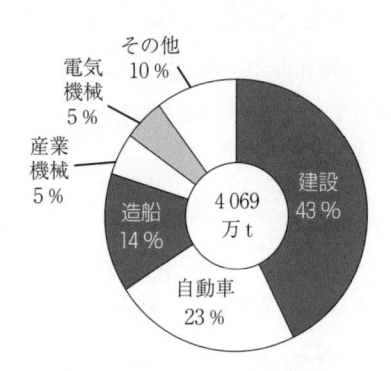

図3.1　産業別普通鋼材使用量の割合（2009年度）

鉄金属はさびやすく重いなどの欠点もあるが，発見以来数百年以上に及ぶ加工法の蓄積があり，これまでに多種多様な鉄鋼材料が開発されている。近年，炭素繊維強化樹脂やチタン合金，アルミニウム合金などの新素材が登場しているが，強度，価格，加工性のバランスが良い鉄（鋼）は，コンクリートとともに現在の代表的な建設材料である。

## 3.2 製　造　法

### 3.2.1　製造プロセス

図3.2は，現在，鉄鋼製造の主流となっている高炉一貫鉄鋼プロセスのフローである。このプロセスは大きく製銑，製鋼，連続鋳造，圧延の四つの工程に分けることができる。以下で各工程の概要を説明する。

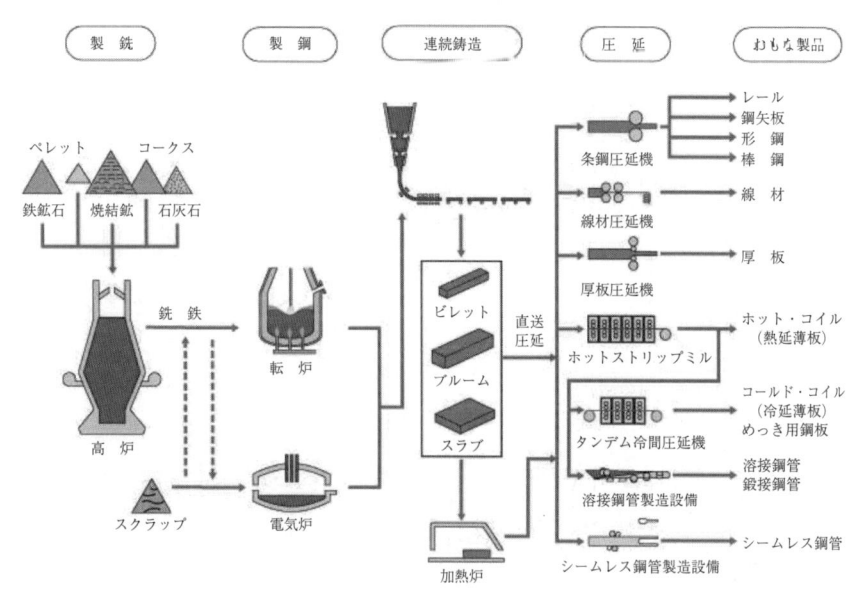

((財) JFE 21世紀財団ホームページ (http://www.jfe-21st-cf.or.jp/jpn/chapter_2/2a_1_img.html) より転載。)

図3.2　鉄鋼の製造プロセス[1]†

〔1〕**製　　銑**　　溶鉱炉（高炉）を用いて高温で鉄鉱石を還元し，銑鉄を製造する工程である。図3.3に代表的な高炉の構造を示す。おもな原料は，鉄鉱石，石炭をコークス炉で蒸し焼きにしてつくられるコークス，石灰である。これらは一般に粉砕された後焼き固められ，炉頂から高炉に投入される。下部の羽口からは，熱風炉で$1\,423 \sim 1\,523\,\mathrm{K}$（$1\,150 \sim 1\,250\,\mathrm{°C}$）に加熱され

---

† 肩付き数字は，巻末の引用・参考文献番号を表す。

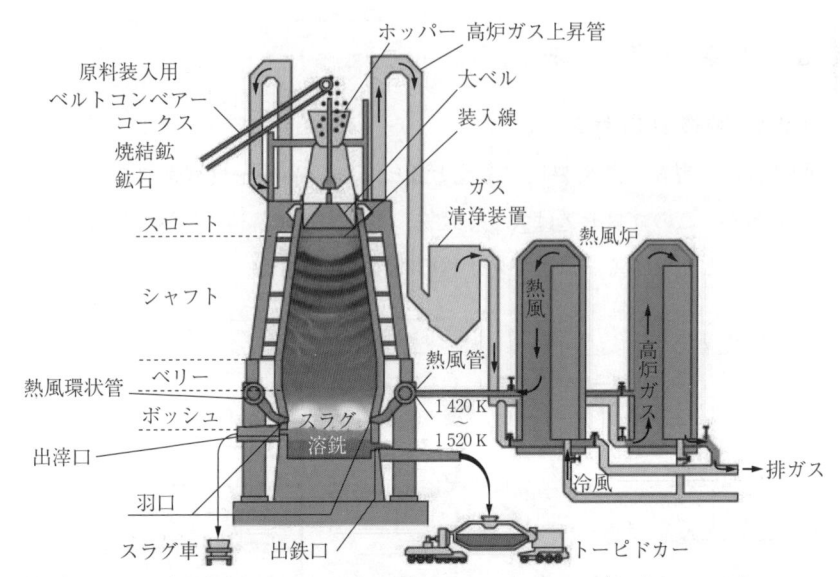

((財) JFE 21世紀財団ホームページ (http://www.jfe-21st-cf.or.jp/jpn/chapter_2/2d_1_img.html) より転載。)

図 3.3　高炉の構造[1]

た空気が吹き込まれる。これがコークス等と反応して一酸化炭素と窒素の混合ガスとなり，炉頂から降下する原料と熱交換，反応しながら炉内を上昇する。一方，鉄源は炉内を降下しながら還元され，溶銑となって炉底部に溜まる。

　高炉では，コークス中の炭素（C）およびそれが酸化されて発生した一酸化炭素ガス（CO）が還元剤となるため，還元と同時に浸炭が起こり，約 4 ％の炭素を含む溶融銑鉄（溶銑）が得られる。排出される銑鉄の温度は 1 803 K（1 530 ℃）であり，銑鉄 1 t 当り約 300 kg の溶融スラグとダストを含む排ガスも発生する。

〔2〕 **製　　鋼**　高炉で生産された炭素含有量約 4 ％の溶融銑鉄を，転炉を用いて必要炭素量まで脱炭し，溶鋼に変える工程である。この工程で所定の性質を得るために必要な合金元素も添加される。この工程の主反応は純酸素ガス（$O_2$）および酸化鉄（$Fe_2O_3$）による溶銑中の炭素の酸化である。

　転炉には図 3.4 に示すように，上吹き，底吹き，上底吹きの 3 種類があり，

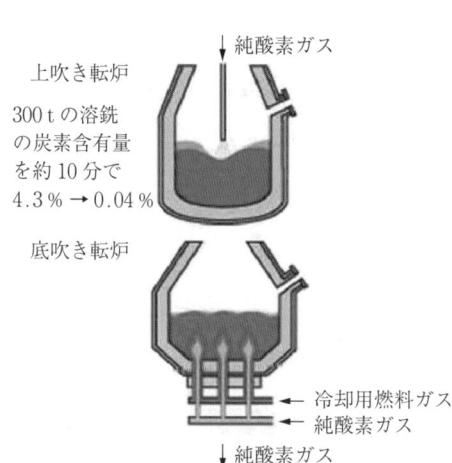

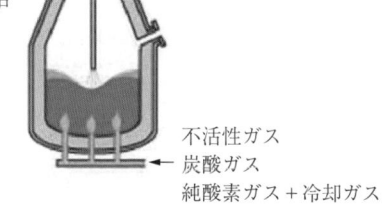

## 3.2 製造法

**上吹き転炉**
300 t の溶銑の炭素含有量を約 10 分で 4.3 % → 0.04 %

↓ 純酸素ガス

**底吹き転炉**

← 冷却用燃料ガス
← 純酸素ガス

↓ 純酸素ガス

**上底吹き転炉**

不活性ガス
炭酸ガス
純酸素ガス＋冷却ガス

((財) JFE 21 世紀財団ホームページ (http://www.jfe-21st-cf.or.jp/jpn/chapter_2/2f_1_img.html) より転載。)

図 3.4 転炉の種類[1]

この順に開発されてきた。現在では，上底吹き転炉が主流となっている。上底吹き転炉では，底吹き撹拌用ガスとして，酸素ガスの代わりにおもに不活性ガスを利用している。

転炉では，予備処理した低シリコン溶銑を主原料として，これに少量のスクラップを加え，純酸素ガスで溶融吹錬する。溶鋼 1 t をつくるのに，溶銑 1 033 kg，スクラップ 28 kg，合金鉄 11 kg，焼石灰 23 kg 程度が用いられる。20 分の吹錬により，炭素が約 4 % から 0.05 % に下がり，温度が 1 473 K（1 200 ℃）から 1 903 K（1 630 ℃）に上昇する。転炉の吹錬の目的は，脱炭と目標出鋼温度の確保であり，溶鋼の炭素濃度と温度が目標値に達したら吹錬を終了する。

〔3〕**連続鋳造** 溶鉱炉（高炉）-転炉の工程を経て，目標の成分と温度に制御した溶鋼を連続鋳造設備により，スラブ，ブルームあるいはビレットに鋳造する工程である。

連続鋳造機は**図 3.5**に示すとおり，タンディッシュ，鋳型と鋳型振動装置，

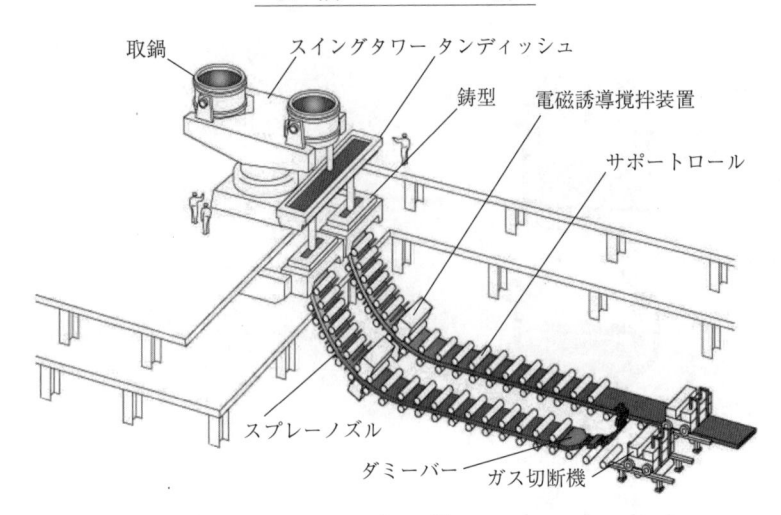

((財) JFE 21 世紀財団ホームページ (http://www.jfe-21st-cf.or.jp/jpn/chapter_2/2j_2_img.html) より転載。)

図3.5 2ストランドスラブ連続鋳造機[1]

鋳片サポートロール群，鋳片を曲げるロール，矯正するロール，挟んで引き抜くロール，スプレーノズル群，鋳片切断用ガス切断機および鋳片引き抜き用ダミーバーなどから成る。

取鍋からタンディッシュ経由で鋳型内に注入された溶鋼は，鋳型に接触すると急冷され，薄い凝固殻を作る。凝固殻は，鋳型内を下降中に成長し厚くなる。未凝固溶鋼を内蔵したまま鋳型を出た鋳片はロール群で支持され，スプレーで水冷されながら下方に引き抜かれる。この間，冷却凝固を確保しつつ，ひずみによる割れが発生しないよう，水ミストスプレー強度は鋳片引き抜き方向に調節される。その後，鋳片は凝固終了部で圧下され，中心偏析が軽減された後，ガストーチで定寸に切断される。

〔4〕 圧　　延　　連続鋳造された鋳片を引き延ばして製品にする工程である。

鋼片は加熱炉で圧延温度に加熱された後，製品に熱間加工される。形鋼や棒鋼，線材は，孔型ロールを有する条鋼や線材圧延機によって，厚板は可逆式の厚板圧延機によって，熱延薄板はホットストリップミルによって製造される。

熱延薄板は，酸洗後さらに可逆式圧延機またはタンデム圧延機を用いた冷間圧延により，冷延薄板に加工される。さらに，冷延薄板は必要に応じ，錫，亜鉛めっきなどの表面処理が施され，さまざまな表面処理鋼板となる。鋼管は，薄板や厚板を成形，溶接する方法や，ビレットを熱間で穿孔したのち継目のないまま最終寸法まで圧延する方法によって製造される。

このような高炉-転炉によるプロセスのほかに，鉄源としておもにスクラップと必要に応じ直接還元鉄も利用するもう一つのプロセスがある。このプロセスにより製造された鋼を電炉鋼と呼ぶ。

### 3.2.2 材質の制御

鋼材の性質を制御する方法として，**熱処理**（heat treatment），合金成分の添加，および圧延方法がある。ここでは，それぞれの方法について概説する。

〔1〕 **鋼の組織と変態**　鉄鋼製品は鉄の結晶が数多く集まった多結晶体である。一つの結晶の中では鉄原子が規則正しく並んでいるが，結晶粒ごとに原子の並ぶ方向は異なっている。鉄原子の直径は 0.25 nm であり，結晶粒の直径は一般に 10 ～ 20 μm である。結晶内での鉄原子の並び方には，**図 3.6** に示す**体心立方構造**（body-centered cubic structure），**面心立方構造**（face-centered cubic structure）という二つの安定した構造がある。鉄の体心立方構

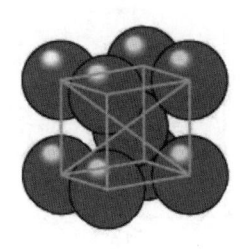

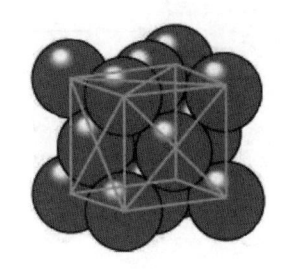

　　　（a）　体心立方構造　　　（b）　面心立方構造

((財) JFE 21 世紀財団ホームページ（http://www.jfe-21st-cf.or.jp/jpn/chapter_3/3a_1_img.html）より転載。)

**図 3.6** 鋼の結晶構造[1]

造は，1 665 K（1 392 ℃）以上および1 184 K（911 ℃）以下の温度で安定であり，それぞれδ鉄およびα鉄（フェライト）と呼ばれる．面心立方構造はその中間の温度領域で安定であり，オーステナイトあるいはγ鉄と呼ばれる．ある結晶構造が温度変化にともなって他の結晶構造に変わることを**相変態**(phase transformation) といい，これが起こる温度が変態点である．変態点は合金元素の種類と量によって変わる．加熱時，オーステナイトが生成し始める温度を$Ac_1$変態点，フェライトがオーステナイトへの変態を完了する温度を$Ac_3$変態点，冷却時，オーステナイトがフェライトまたはフェライト，セメンタイトへの変態を完了する温度$Ar_1$変態点という．炭素含有量で変態点や固溶限がどのように変化するかを示した鉄-炭素系の**平衡状態図**（equilibrium diagram）を

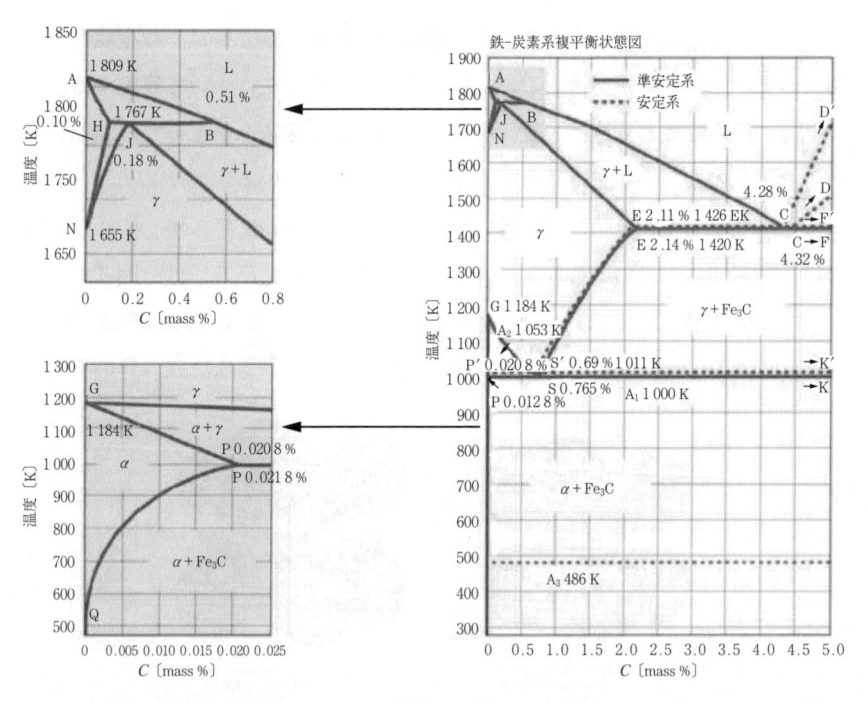

((財) JFE 21 世紀財団ホームページ（http://www.jfe-21st-cf.or.jp/jpn/chapter_3/3a_2_img.html）より転載．)

**図3.7** 鉄-炭素系の平衡状態図[1]

図3.7に示す.

　実際の結晶粒の中には，格子欠陥と呼ばれる鉄原子が存在する位置の規則性が乱れた部分がある．その中でも，格子点に鉄原子が存在しない"空孔"という点状の欠陥と，"**転位**"（dislocation）という線状の欠陥が特に重要である．空孔は原子の拡散に大きな役割を果たし，転位が移動すると塑性変形が生じる．

　鋼の結晶粒には，鉄原子と大きさが異なる異種原子が存在する．これらの原子の存在の仕方には，**図3.8**のように鉄の格子構造の間に存在する"固溶"と，別の結晶構造をつくって結晶粒内や粒界に存在する"析出"がある．固溶については，鉄原子よりも小さい炭素や窒素原子などが鉄原子の間に割り込んで存在する侵入型固溶と，別の原子が鉄原子が占めるべき位置に代わって存在する置換型固溶とがある．

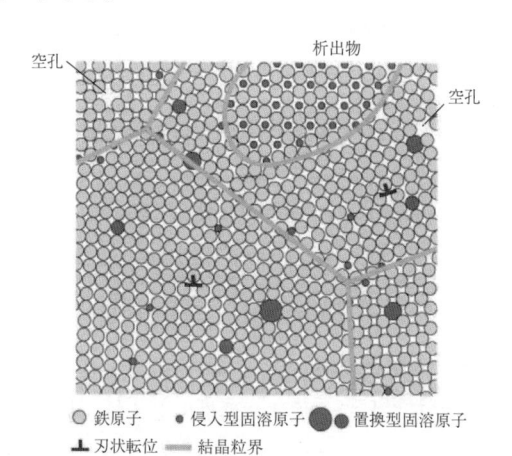

（（財）JFE 21世紀財団ホームページ（http://www.jfe-21st-cf.or.jp/jpn/chapter_3/3a_1_img.html）より転載．）

**図3.8**　鋼の結晶粒内および粒界の構造[1]

〔2〕　**合金成分の添加**　　鋼材の性質は合金元素の添加によって改善することができる．添加される主な元素は，ケイ素，マンガン，アルミニウム，ニッケル，クロム，コバルト，モリブデン，バナジウム，銅，ニオビウムなどである．意図して添加されるものではないが，鋼材には製造過程で原料から混入す

る不純物であるリン，硫黄，錫，ヒ素，窒素，水素なども含まれている。

**表3.2**に，おもな含有元素が鋼材の諸性質に及ぼす定性的な影響を示す。一般に，マンガンとケイ素は脱酸剤として作用し，炭素を抑えて強度を得ることができる。アルミニウムは組織を微細化し，強度とじん性を向上させ，降伏比を下げる。銅，クロム，ニッケル，チタン，リンは耐候性を向上させるが，リンは耐硫酸性やじん性を低下させることに注意が必要である。

表3.2 おもな合金元素とその影響

| | |
|---|---|
| 炭素（C） | 引張強度・降伏点・硬度が増大。衝撃値・伸び・絞りが減少。 |
| マンガン（Mn） | 炭素と類似だが，炭素ほどじん性を低下させない。硫黄によるぜい性の増加を防止。 |
| ケイ素（Si） | 2％程度まで延性を損なわず強度を向上。耐熱性を付与。 |
| リン（P） | ぜい性を増大。偏析傾向あり。耐食性を向上。 |
| 硫黄（S） | 高温ぜい性を増大。リンより偏析。MnSかFeSとして存在。 |
| アルミニウム（Al） | 脱酸作用および組織の微細化作用あり。 |
| ニッケル（Ni）<br>クロム（Cr）<br>コバルト（Co） | 延性・じん性を増加。耐食性・高温強度の向上。 |
| モリブデン（Mo）<br>バナジウム（V） | 高温強度を向上。焼戻しぜい性を減少。 |
| 銅（Cu） | 耐食性・強度・硬度を増加。延性を減少。 |
| ニオビウム（Nb） | 粘りと強度を付与。 |

〔3〕**熱 処 理**　鋼材は同じ化学成分であっても，加熱温度および冷却速度をコントロールすることで，強度，延性，じん性，硬度などを変化させることができる。また，それまでに加えられたひずみ履歴の影響を焼失させることも可能である。このように，材質を変化させる目的で加熱，冷却を行うことを熱処理といい，代表的なものとして，**焼入れ**（quenching），**焼戻し**（tempering），**焼なまし**（annealing，**焼鈍**ともいう），**焼ならし**（normalizing）の4種類がある。熱処理により性質を調整された鋼を調質鋼，熱処理を施さず合金元素の添加により性質を調整された鋼を非調質鋼という。

焼入れは，オーステナイト領域まで加熱後急冷し，マルテンサイト組織を生成する熱処理である。組織，強度および硬度は向上するが，じん性は低下す

る。硬化の程度は生成されるマルテンサイト組織の量による。焼入れは，一般につぎに述べる焼戻し処理と組み合わせて用いられる。

焼戻しは，一般に焼入れ硬化後，または所要の性質を得るための熱処理後に，特定の温度（$Ac_1$ 未満）で，1回以上の回数灼熱した後，適切な速度で冷却することからなる熱処理であり，内部応力の除去，機械的性質の調整といった効果がある。対摩耗性向上を目的として，200℃前後まで加熱しゆっくり冷却する低温焼戻しと，じん性向上を目的として 400～600℃に加熱し早く冷却する高温焼戻しがある。

焼なましは，適切な温度に加熱および灼熱した後，室温に戻ったときに，平衡に近い組織状態になるような条件で冷却することからなる熱処理であり，鋼材の製造過程や塑性加工・溶接で生じた硬化，残留応力，結晶粒の不均一，化学成分の偏在を除去する目的で利用される。

焼ならしは，オーステナイト化後空冷し，標準状態に戻す熱処理であり，前加工の影響を除去し，結晶核を細微化して，延性・じん性などの機械的性質を改善することができる。

焼入れ，焼なまし，焼ならしの加熱温度，冷却速度のイメージを**図3.9**に示す。

〔4〕**圧　　延**　　制御圧延を基本に，その後，空冷または強制的な冷却

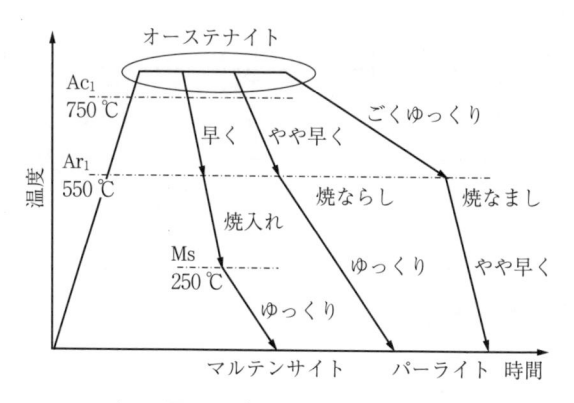

**図3.9　各熱処理のイメージ**

を行う製造法を総称して，**熱加工制御**（thermo-mechanical control process, TMCP）と呼び，熱加工圧延および加速冷却がこれに含まれる。

制御圧延は熱間圧延法の一種で，鋼片の加熱温度，圧延温度および圧下量を適正に制御することによって，鋼の結晶組織を微細化し，機械的性質を改善するものである。

熱加工圧延は，最終の塑性加工がある温度範囲で行われ，熱処理だけでは繰り返して得られない特定の性質を持つ材料状態を生じさせる加工工程である。

加速冷却は，主として厚板圧延工程において行われる制御冷却で，制御圧延に引き続き変態温度域を空冷よりも速い冷却速度で冷却することによって，鋼の結晶組織を調整し，機械的性質を改善する冷却法である。

熱加工制御を一般の熱間圧延，焼ならし，焼入れ焼戻し処理と比較して，**図3.10**に示す。

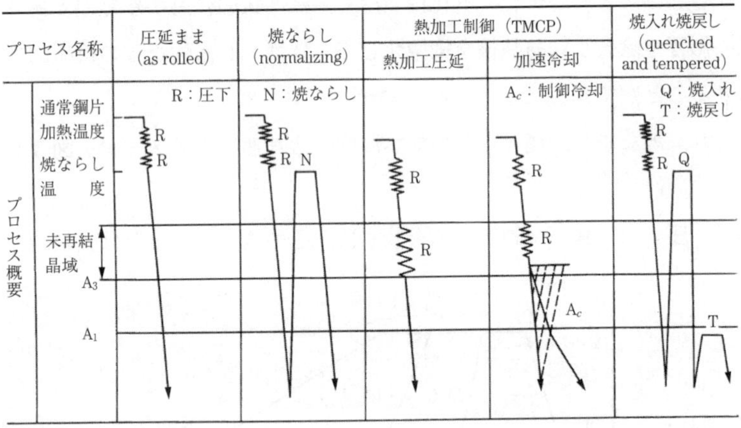

図3.10 製造プロセスの比較

## 3.3 加工と溶接性

### 3.3.1 加　　　工

鋼材は，切断，切削，孔あけ，曲げなどの加工を加えて構造物等に用いられ

る。このうち，再結晶温度（鋼の融点の約 0.4 倍）以下で行う加工を**冷間加工**（cold working），再結晶温度以上で行う加工を**熱間加工**（hot working）という。

　冷間加工では結晶粒が一定の方向に並んだ繊維状になり，降伏点，引張強さおよび硬度が増大するとともに，伸びは減少しもろくなる。加工度が高くなると，伸びの低下は頭打ちになり，変形に関する加工性の劣化はそれ以上ほとんど生じない。

　一方，熱間加工では気泡などの欠陥が除去されるが，引張強さや降伏点は増大しない。青熱ぜい性，赤熱ぜい性，白熱ぜい性などのぜい化現象が問題となることがあるので，注意を要する。調質高張力鋼では，長時間焼戻し温度以上に熱すると所要の性能が消失するので，適切な温度管理が必要である。

### 3.3.2　塑性変形による組織の変化

　鋼材は，使用に適した形状にするため，塑性変形を利用して加工される。この過程では，材料の外観形状や寸法が変わるだけではなく，材料内部にも原子レベルでの変化が起こる。

　金属の塑性変形は，特定の結晶面を境にして原子がすべることによって起こる。このすべりは結晶面全体にわたって一度に起こるのではなく，転位という線状の格子欠陥が動くことによって生じる。転位を動きにくくすると，硬く，強い材料が得られる。固溶した異種原子，析出物などが転位を動きにくくすることを利用した硬化が，それぞれ固溶硬化，析出硬化である。塑性変形が進むと多くの転位が結晶中に蓄積し，たがいに相互作用し合って転位の移動を妨げるため，塑性変形を続けると材料はしだいに硬くなる。これを**加工硬化**（work hardening）という。加工硬化した材料は，蓄積した転位が消滅すると元のやわらかい材料に戻る。焼鈍過程で加工硬化した材料を加熱すると，原子の拡散によって多くの転位は消滅する。

　塑性変形によって，結晶の回転も生じる。これは，塑性変形が特定のすべり面上の特定のすべり方向でしか起こらないためである。結晶回転により結晶粒の方位が機械加工方向に配向した集合組織を形成する。

また，大きな変形量の冷間圧延では結晶粒が伸びる。臨界値以上の塑性変形を与えた伸延粒を有する材料を加熱すると，転位のない新しい等軸の結晶粒が核生成し成長する結果，材料は変形前のやわらかい状態に戻る。この現象を**再結晶**（recrystallization）といい，結晶粒の微細化や軟化の目的で利用される。

### 3.3.3 ひずみ時効，ぜい化現象

鋼材の引張試験において，降伏点が現れた後に除荷し，ただちに再び変形を与えても降伏点は現れない。ところが，除荷して長時間室温に放置するか，やや高い温度に保持したのち荷重を加えると再び降伏点が現れる。このような現象を**ひずみ時効**（strain aging）という。ひずみ時効後は強度が増加し，延性が減少する。

200～300℃付近で鋼の引張強さや硬さが常温の場合より増加し，伸び，絞りが減少して，もろくなる性質を**青熱ぜい性**（blue shortness）という。この現象がもっとも顕著に表れる温度が青い酸化色を呈する温度であるためである。

不純物として硫黄が含まれていると，オーステナイト粒界にもろい硫化鉄などとして偏析し，900～1000℃での熱間加工性が悪くなり，割れなどが発生する現象が生じる。これを**赤熱ぜい性**（red shortness）という。これはマンガンを添加し，硫化マンガンの形で硫黄を閉じ込めることにより防止することができる。

**白熱ぜい性**（white brittleness）は硫化物の融液発生などに起因する高温でのぜい化現象である。

### 3.3.4 溶　接　性

溶接部は**図3.11**に示すように，**溶接金属**（weld metal, WM, deposit metal, Depo），**熱影響部**（heat affected zone, HAZ），**ボンド部**（bond），**母材原質部**（base metal, BM）から構成される。同図下部には，ビッカース硬さ試験の結果の一例も示されている。母材原質部を除く三つの部分について，

## 3.3 加工と溶接性

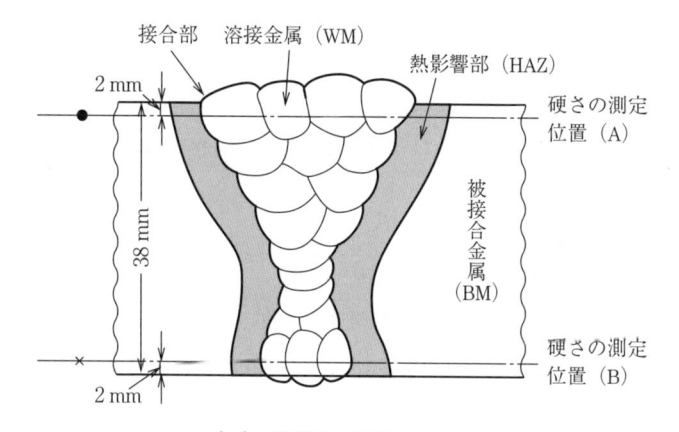

(a) 溶接部の構成

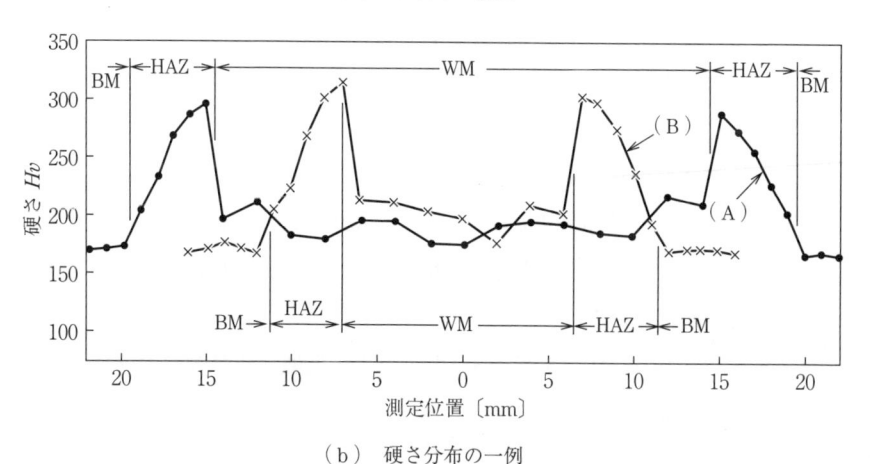

(b) 硬さ分布の一例

**図 3.11** 溶接部の構成と硬さ分布

以下に概説する。

〔1〕**溶 接 金 属**　溶接ワイヤと母材の一部が短時間に溶融凝固した部分であり，母材側から凝固が始まり，中心に向かって結晶が成長している。

〔2〕**熱 影 響 部**　溶融はしていないが，アーク熱の影響で組織や性質が変化した母材部分である。焼入れ効果で硬化し，もろく割れやすい。調質鋼の場合には軟化する部分である。

〔3〕**ボ ン ド 部**　溶接金属と熱影響部の境界である。母材の一部が溶融

し，オーステナイト粒が非常に大きく，粒界がきわめて明瞭である。

　HAZ の硬化の程度は炭素量と合金元素に依存するが，鋼材の硬化性を示す指標として，次式で定義される**炭素当量**（carbon equivalent）$C_{eq}$ が用いられている。

$$C_{eq} = C + \frac{Mn}{6} + \frac{Si}{24} + \frac{Ni}{40} + \frac{Cr}{5} + \frac{Mo}{4} + \frac{V}{14} \tag{3.1}$$

また，溶接時における鋼材の割れやすさを示す指標として，次式で定義される**溶接割れ感受性組成**（cracking parameter of material）$P_{CM}$ が用いられている。

$$P_{CM} = C + \frac{Si}{30} + \frac{Mn}{20} + \frac{Cu}{20} + \frac{Ni}{60} + \frac{Cr}{20} + \frac{Mo}{15} + \frac{V}{10} + 5B \tag{3.2}$$

いずれもその値が小さいほど溶接性がよい材料と判断される。

　溶接割れには高温割れと低温割れがある。

　低温割れは，200℃以下の温度になってから発生する割れであり，溶接後しばらくたってから，HAZ に発生する。粗粒域にマルテンサイト組織が生じるほど発生しやすい。その発生要因として，溶接熱による HAZ の硬化が大きいこと，硬化部に一定値以上の応力が作用すること，一定値以上の水素が存在することなどが挙げられる。

　高温割れは，リン（P），硫黄（S）などによる低融点化合物の生成で延性の低下をきたした部分に，凝固直後の収縮応力が作用し，結晶粒界が割れたものである。

## 3.4　性　　　質

　一般に構造物に用いられている鋼材の強度（引張強さ）は 400 ～ 800 N/mm$^2$ 程度である。また，弾性係数は $2.05 \times 10^5$ N/mm$^2$，密度は 7 850 kg/m$^3$ である。前述したように，熱処理，合金元素の添加，圧延方法で性質を制御することが可能であり，リサイクルが比較的容易である。価格は鋼種により異なるが，一般的な構造用鋼材の場合，60 000 ～ 100 000 円/t（470 000 ～ 780 000

〔1〕 **引張荷重下の挙動**　代表的な鋼材の引張荷重下における応力とひずみの関係を**図3.12**に示す。

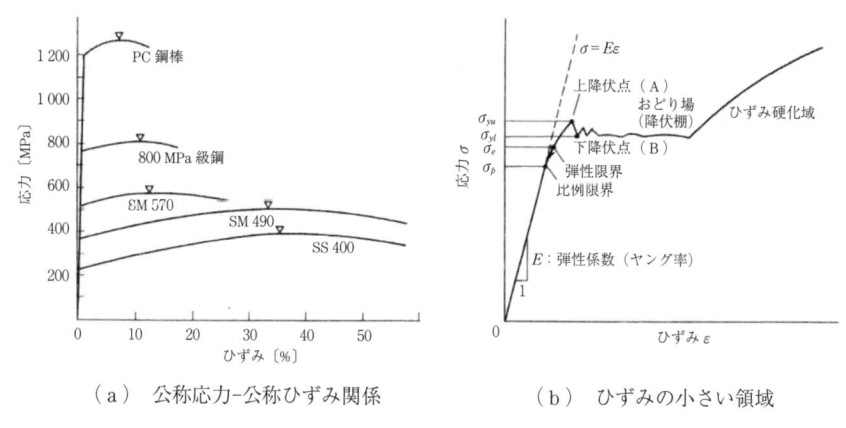

**図3.12**　各種鋼材の応力-ひずみ関係の例
（a） 公称応力-公称ひずみ関係　　　（b） ひずみの小さい領域

比例限 $\sigma_p$ まで応力-ひずみ関係は線形であり，その勾配が弾性係数である。比例限を超えると線形関係が崩れるが，しばらくは弾性域であり，応力を除荷すれば，載荷経路に沿って変形が回復する。この弾性域の限界に対応する応力 $\sigma_e$ を弾性限という。さらに応力を増加させると，軟鋼の場合，突然応力が低下し，急激にひずみが増加する上降伏点 $\sigma_{yu}$ に達する。その後，応力はあまり変化せずにひずみだけが進行し，応力-ひずみ関係が棚状になる。この部分を降伏棚という。降伏棚での平均応力を下降伏点あるいは単に**降伏点**（yield point）という。

降伏棚を超えて変形が進むとひずみ硬化が起こり，応力が再び上昇する。やがて最大応力（引張り強さ）に達し，それまで一様に伸びていた試験体の一部にくびれが生じる。このくびれが進行し，ついには延性的な破断に至る。破断時におけるくびれた部分の断面の縮小率（くびれた部分の最小面積/原断面積）を**しぼり**（reduction of area），残留ひずみを**破断伸び**（elongation）という。

図3.12に示した応力は荷重を載荷前の断面積で除した公称応力，ひずみは

標点間の平均ひずみであるが，応力を荷重をその時点での断面積で除した真応力，ひずみを局部的な瞬間のひずみ増加率を積分した対数ひずみとすれば，応力-ひずみ関係は破断時まで単調に増加することになる。

一方，高張力鋼の場合には明瞭な降伏点は観察されず，応力-ひずみ関係の勾配が急激に変化するのみである。そのため，降伏点に代わる指標として，塑性ひずみが 0.2 % となる応力を用いており，これを 0.2 %**耐力**（proof stress）という（図 3.13 参照）。

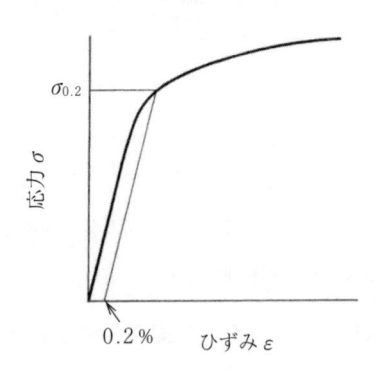

図 3.13　0.2 %耐力（降伏点が明確に現れない場合）

高張力鋼の場合，軟鋼と比較して，破断時の伸びは小さく，引張強さに対する降伏点の比である**降伏比**（yield ratio）は高い。

〔2〕**疲労特性**　　降伏点あるいは引張強さよりはるかに低い応力でも，それが繰返し作用することによって，破断に至ることがある。これは切欠きなどの応力集中部や溶接欠陥部において生じた微小なき裂が，応力の繰り返しによって進展するためであり，このような破壊を疲労破壊という。

疲労き裂の進展は，き裂先端部近傍の応力状態を表す**応力拡大係数**（stress intensity factor）$K$ の変動幅 $\Delta K$ によって支配されており，一般にき裂進展速度（$da/dN$）と応力拡大係数範囲 $\Delta K$ との関係は，図 3.14 に示すようになる。すなわち，いくら応力を繰り返してもき裂が進展しない領域 I，$da/dN$-$\Delta K$ 関係が両対数軸上で直線となる領域 II，および急激にき裂が進展する領域 III に分けられる。き裂が進展するか否かの境界となる応力拡大係数範囲 $\Delta K_{th}$ を疲労き裂進展下限界応力拡大係数範囲という。また，領域 II の関係を

## 3.4 性質

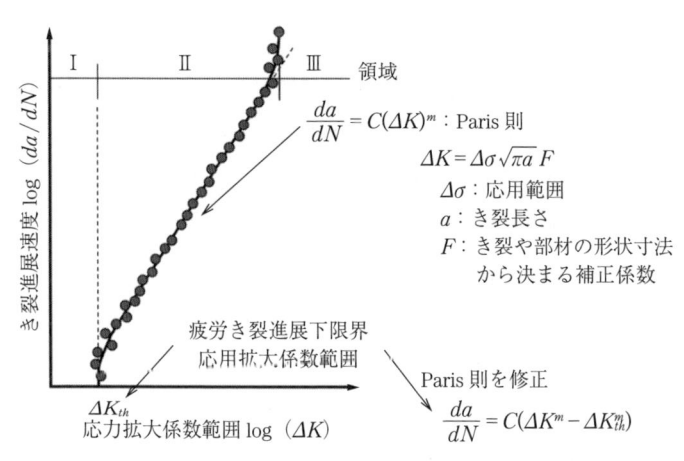

**図 3.14** 疲労き裂進展曲線

(図中の式)
$\dfrac{da}{dN} = C(\Delta K)^m$ : Paris 則

$\Delta K = \Delta\sigma\sqrt{\pi a}\, F$

$\Delta\sigma$：応用範囲
$a$：き裂長さ
$F$：き裂や部材の形状寸法から決まる補正係数

Paris 則を修正
$\dfrac{da}{dN} = C(\Delta K^m - \Delta K_{th}^m)$

表す以下の式を Paris 則という。

$$\frac{da}{dN} = C(\Delta K)^m \tag{3.3}$$

ここに，$C$, $m$ は材料定数である。

また，領域ⅠとⅡをカバーする進展則として

$$\frac{da}{dN} = C\bigl(\Delta K^m - \Delta K_{th}^m\bigr) \tag{3.4}$$

が用いられることもある。

一定応力振幅下での疲労試験結果は，一般に応力範囲と破断までの繰り返し回数の関係として**図 3.15** のように両対数グラフに整理される。この図を S-N

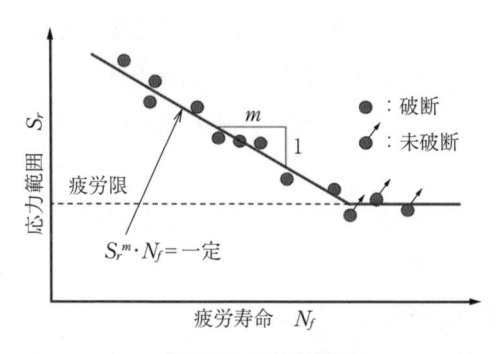

**図 3.15** S-N 線図

(図中：$S_r^m \cdot N_f = $ 一定，疲労限，●：破断，●：未破断)

線図という。S-N 線図では応力範囲と疲労寿命の関係は直線になる。ただし，いくら応力を繰り返し作用させても疲労破壊しない応力範囲（$\Delta K_{th}$ に対応）が存在し，これを疲れ限度あるいは**疲労限**（fatigue limit）という。

〔3〕 **衝 撃 特 性**　鋼材の衝撃特性は，通常，衝撃試験により評価される。最も代表的な衝撃試験は，Vノッチ試験片を用いたシャルピー試験である。その典型的な結果を**図 3.16** に示す。ぜい性破面率および吸収エネルギーの温度に伴う変化である。

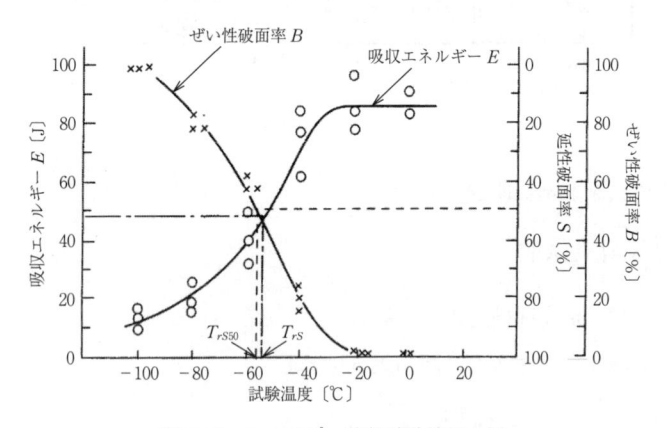

**図 3.16**　シャルピー衝撃試験結果の例

鋼材は一般に，高温では延性的な破壊様式，低温ではぜい性的な破壊様式となる。その境界となるのが**遷移温度**（transition temperature）であり，吸収エネルギーが最大吸収エネルギー $_vE_{max}$ の 1/2 になる温度として定義されるエネルギー遷移温度 $_vE_{rE}$，ぜい性破面率が 50 % となる温度として定義される破面遷移温度 $_vE_{rS}$ がある。吸収エネルギーの値自体だけでなく，遷移温度が使用される地域での最低気温よりも十分低い鋼材を使用することが，ぜい性破壊を防止するために重要である。

ぜい性破壊に対する材料の抵抗を表す別の指標として，破壊じん性値 $K_C$ がある。金属材料に対しては通常，き裂先端の変形モードが開口型（I 型）の場合の破壊じん性値 $K_{IC}$ が使用される。

〔4〕 **耐 腐 食 性**　水と酸素が存在すれば，鋼材には**さび**（rust）が生じ

る。錆は鉄表面に生成する水酸化物または酸化物を主体とする化合物であり，広義には，金属表面にできる腐食生成物ということができる。一方**腐食**（corrosion）は，金属がそれを取り囲む環境物質によって，化学的または電気化学的に侵食をされるか，もしくは材質的に劣化する現象のことである。金属にさびが発生するのを防止することを**防せい**（rust prevention）といい，金属が腐食する，すなわち，さびの発生により母材の金属が侵食され，部材が損傷するのを防止することを**防食**（corrosion protection）という。したがって，防食という言葉は，ある程度のさびの発生は許容していることになる。鋼材の耐久性に及ぼす腐食の影響はきわめて大きいため，環境条件に応じた適切な防せい・防食方法を選定することもきわめて重要である。

通常の炭素含有量の範囲内では，鋼材の組成が自然水または土中における腐食速度に影響を及ぼすことはない。クロム，シリコン，ニッケルなどと合金すれば耐腐食性は向上する。一方，酸性環境下においては，耐腐食性に対する組成および構造の影響があり，炭素含有量の増加に伴い腐食速度が増加する。酸中では，硫黄・リンは腐食速度を大きく増大させ，強酸の場合，その影響が顕著である。

一般に，熱処理が耐腐食性の問題を生じさせることはないが，接合や組み立てに用いられる溶接（熱処理の一種と考えることができる）によって，局部的な腐食が生じることがある。焼入れされた炭素鋼の構造はマルテンサイトであり，このような単一相の鋼では腐食性が比較的小さい。しかし，焼戻しされた鋼ではフェライトとオーステナイトの二相構造となるため，ガルバニー電池が形成されやすくなり，腐食が加速される。パーライト構造では腐食速度が低下する。

## 3.5 種類と用途

### 3.5.1 形状による分類

鋼材は形状によって大きく条鋼，鋼板，鋼管に分けられる。条鋼の中には，

棒鋼，形鋼，レールおよび線材がある。鋼板は厚板（厚さ3mm以上），薄板類（厚さ3mm未満）および帯鋼（コイル状に巻かれた長尺のもの。鋼帯ともいう）に分類される。

〔1〕**棒　　　鋼**　棒状に圧延された鋼材であり，八角鋼，六角鋼，平鋼，角鋼，丸鋼などがある。建設分野で用いられるのは，おもに後述する鉄筋コンクリート用棒鋼（JIS G 3112），鉄筋コンクリート用再生棒鋼（JIS G 3117）およびPC鋼棒（JIS G 3109）である。

〔2〕**形　　　鋼**　断面形状による形鋼の分類を**図3.17**に示す。その寸法の詳細はJIS G 3192に定められている。山形鋼はアングルとも呼ばれ，2辺の長さおよび厚さによって，等辺山形鋼，不等辺山形鋼，不等辺不等厚山形鋼の3種類に分類される。溝形鋼はチャンネルとも呼ばれる。標準長さは6～15mの1mピッチ，10種類である。後述する一般構造用圧延鋼材，溶接構造用圧延鋼材または溶接構造用耐候性熱間圧延鋼材で作られる。

そのほかに建設分野で頻繁に用いられるものとして鋼矢板がある。その断面形状には**図3.18**に示すU形，Z形，直線形，H形およびハット形の5種類がある。JISには溶接用熱間圧延鋼矢板（JIS A 5523）と熱間圧延鋼矢板（JIS A 5528）の2種類が規定されている。前者は，特に溶接性に優れた熱間圧延鋼矢板について規定したもので，後者にはない炭素当量，フリー窒素およびシャルピー吸収エネルギーの規定がある。JISでは前者をSYW，後者をSYという記号で表示し，いずれにも3種類の強度レベル（降伏点295 N/mm$^2$以上，390 N/mm$^2$以上および430 N/mm$^2$以上）がある。たとえば，SYW390と表示されていれば，390 N/mm$^2$以上の降伏点が保証された溶接用熱間圧延鋼矢板を意味する。

〔3〕**鋼　　　板**　鋼板も一般構造用圧延鋼材，溶接構造用圧延鋼材または溶接構造用耐候性熱間圧延鋼材で作られる。JIS G 3193には形状，寸法，質量およびその許容差が規定されている。**表3.3**～**表3.5**にそれぞれ，JIS G 3193による標準厚さ，標準幅および標準長さを示す。

〔4〕**鋼　　　管**　一般に円形断面であるが，正方形あるいは長方形断面の角形鋼管もある。建設分野で用いられるのは，おもに一般構造用炭素鋼管

(a) 等辺山形鋼

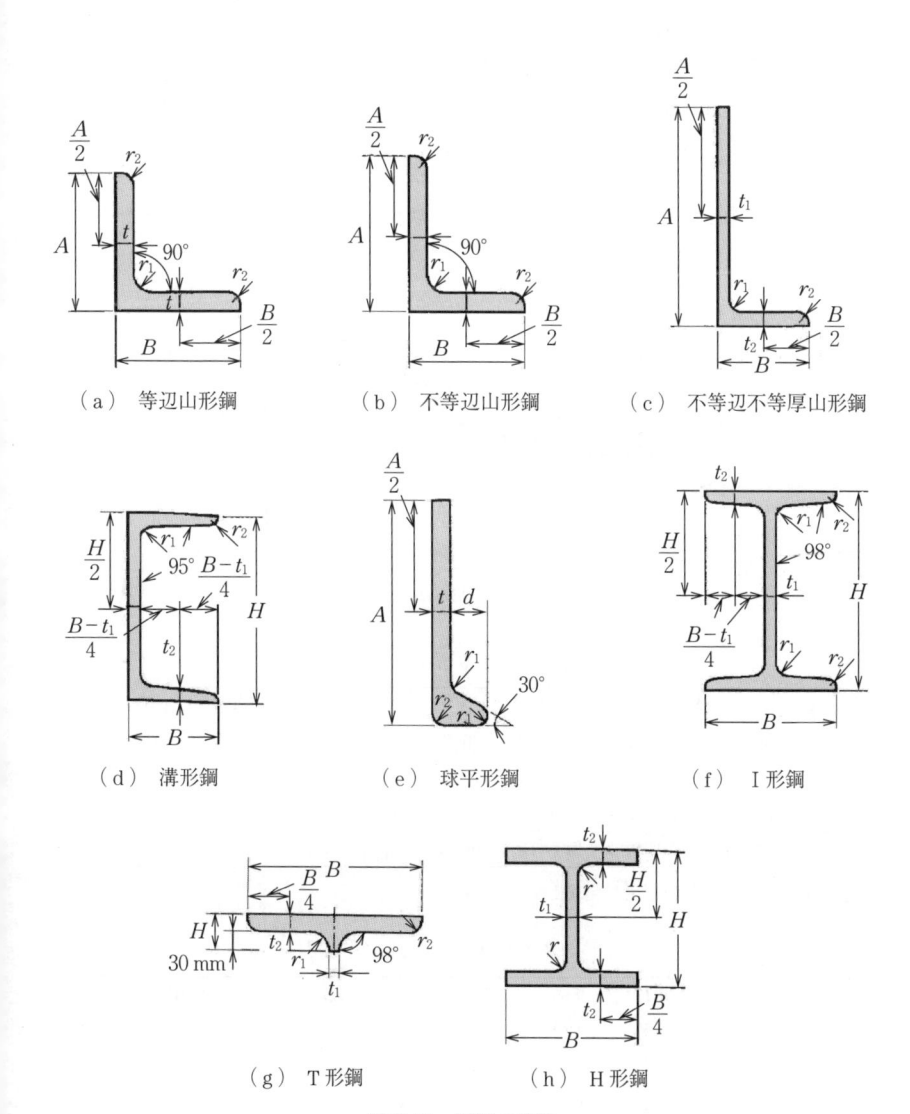

(b) 不等辺山形鋼

(c) 不等辺不等厚山形鋼

(d) 溝形鋼

(e) 球平形鋼

(f) I 形鋼

(g) T 形鋼

(h) H 形鋼

図 3.17　形鋼の種類

(a) U形　　(b) 直線型　　(c) Z形

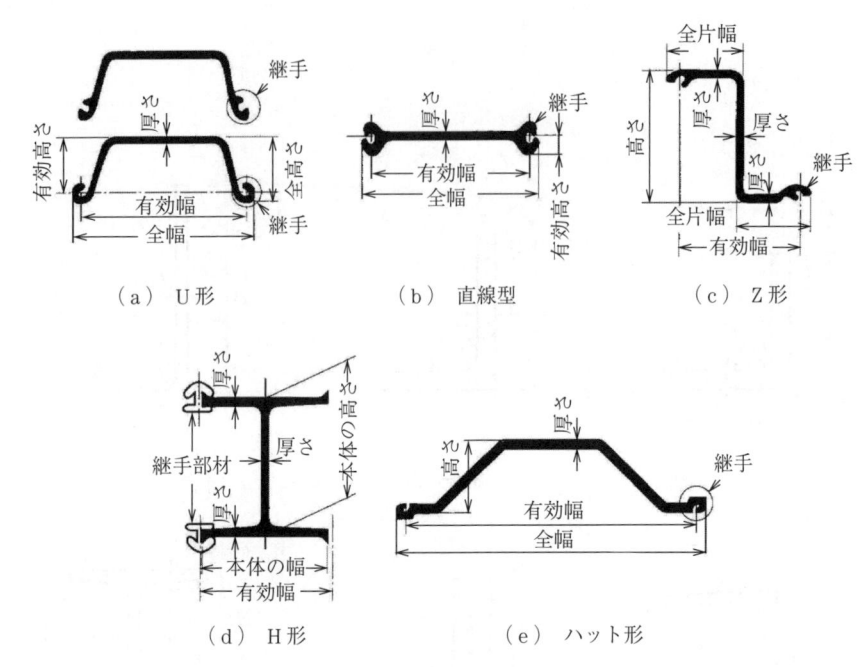

(d) H形　　(e) ハット形

図 3.18　鋼矢板の断面形状

表 3.3　標準厚さ〔mm〕

| | | | | | | | | | | |
|---|---|---|---|---|---|---|---|---|---|---|
| 1.2 | 1.4 | 1.6 | 1.8 | 2.0 | 2.3 | 2.5 | (2.6) | 2.8 | (2.9) | 3.2 |
| 3.6 | 4.0 | 4.5 | 5.0 | 5.6 | 6.0 | 6.3 | 7.0 | 8.0 | 9.0 | 10.0 |
| 11.0 | 12.0 | 12.7 | 13.0 | 14.0 | 15.0 | 16.0 | (17.0) | 18.0 | 19.0 | 20.0 |
| 22.0 | 25.0 | 25.4 | 28.0 | (30.0) | 32.0 | 36.0 | 38.0 | 40.0 | 45.0 | 50.0 |

鋼帯および鋼帯からの切板は，厚さ 12.7 mm 以下を適用する。

括弧以外の標準厚さの適用が望ましい。

表 3.4　標準幅〔mm〕

| | | | | | | | | | |
|---|---|---|---|---|---|---|---|---|---|
| 600 | 630 | 670 | 710 | 750 | 800 | 850 | 900 | 914 | 950 |
| 1 000 | 1 060 | 1 100 | 1 120 | 1 180 | 1 200 | 1 219 | 1 250 | 1 300 | 1 320 |
| 1 400 | 1 500 | 1 524 | 1 600 | 1 700 | 1 800 | 1 829 | 1 900 | 2 000 | 2 100 |
| 2 134 | 2 438 | 2 500 | 2 600 | 2 800 | 3 000 | 3 048 | | | |

鋼帯および鋼帯からの切板は，幅 2 000 mm 以下を適用する。鋼板（鋼帯からの切板を除く。）は，幅 914 mm，1 219 mm および 1 400 mm 以上を適用する。

3.5 種 類 と 用 途

**表 3.5** 標準長さ〔mm〕

| 1 829 | 2 438 | 3 048 | 6 000 | 6 096 | 7 000 | 8 000 | 9 000 | 9 144 |
| 10 000 | 12 000 | 12 192 | | | | | | |

鋼帯からの切板には適用しない。

(STK：JIS G 3444), 一般構造用角形鋼管（STKR：JIS G 3466），鋼管ぐい (SKK：JIS A 5525), 鋼管矢板（SKY：JIS A 5530), 配管用炭素鋼管（SPG：JIS G 3452), 水配管用亜鉛めっき鋼管（SPGW：JIS G 3442) などである。

### 3.5.2 構 造 用 鋼 材

〔1〕 **一般構造用圧延鋼材**（**JIS G 3101：rolled steels for general structure**） SS 330, SS 400, SS 490, SS 540 の 4 種類がある。SS に続く 3 桁の数字は，保証されている引張強さ（単位 $N/mm^2$）を表している（**表 3.6**）。溶接して利用することを想定していないため，溶接性は保証されていない。化学成分についても，**表 3.7** に示すように SS 540 を除いて P, S のみに

**表 3.6** 一般構造用圧延鋼材の機械的性質

| 種類の記号 | 降伏点または耐力〔$N/mm^2$〕 | | | | 引張強さ〔$N/mm^2$〕 | 伸び*〔%〕 |
| --- | --- | --- | --- | --- | --- | --- |
| | 鋼材の厚さ t〔mm〕 | | | | | |
| | $t \leq 16$ | $16 < t \leq 40$ | $40 < t \leq 100$ | $100 < t$ | | |
| SS 330 | 205 以上 | 195 以上 | 175 以上 | 165 以上 | 330〜430 | 21〜28 以上 |
| SS 400 | 245 以上 | 235 以上 | 215 以上 | 205 以上 | 400〜510 | 17〜23 以上 |
| SS 490 | 285 以上 | 275 以上 | 255 以上 | 245 以上 | 490〜610 | 15〜21 以上 |
| SS 540 | 400 以上 | 390 以上 | — | — | 540 以上 | 13〜17 以上 |

\* 伸びの規定は鋼材の厚さおよび試験片の種類により異なる。

**表 3.7** 一般構造用圧延鋼材の化学成分

| 種類の記号 | 化学成分〔%〕 | | | |
| --- | --- | --- | --- | --- |
| | C | Mn | P | S |
| SS 330 | — | — | 0.050 以下 | 0.050 以下 |
| SS 400 | | | | |
| SS 490 | | | | |
| SS 540 | 0.30 以下 | 1.60 以下 | 0.040 以下 | 0.040 以下 |

制限がある。

〔2〕 **溶接構造用圧延鋼材**（**JIS G 3106：rolled steels for welded structure**）　SM 400, SM 490, SM 490 Y, SM 520, SM 570 の 5 種類がある。0℃（ただし，SM 570 のみ -5℃）におけるシャルピー衝撃値の規定により，A：規定なし，B：27J 以上，C：47J 以上の 3 種類に分けられる。3 桁の数字の意味は SS 材と同様，保証引張強さである。SM 490 Y の保証引張強さは SM 490 と同じであるが，降伏点は SM 490 より高い。溶接性を保証するため，C, Si, Mn, P, S が規定されている。SM 570 については炭素当量 $C_{eq}$，または溶接割れ感受性組成 $P_{CM}$ の規定も満足しなければならない。SM 材の機械的性質と化学成分の規定を，板厚が 100 mm 以下の場合に限って，それぞれ**表 3.8** および**表 3.9** に示す。また，$C_{eq}$, $P_{CM}$ の規定を**表 3.10** に示す。なお，受渡当事者間の協定によって熱加工制御を行った鋼板については，表 3.10 とは異なる値が規定されている。

〔3〕 **溶接構造用耐候性熱間圧延鋼材**（**JIS G 3114：hot-rolled atmospheric corrosion resisting steels for welded structure**）　SM 材をベースに，溶接性を確保しながら Cu, Cr, Ni などの合金元素を添加して耐候性を向上させた鋼材である。強度に関しては SMA 400, SMA 490, SMA 570 の 3 種類がある。SM 材と同様，シャルピー衝撃値の規定により A, B, C の 3 種類に分けられる。さらに，通常，裸のままあるいはさび安定化処理を行って使用する W 材と塗装して使用する P 材がある。SMA 570 W および SMA 570 P の $C_{eq}$, $P_{CM}$ については，SM 570 と同じ値が規定されている。SMA 材の機械的性質と化学成分の規定を，板厚が 100 mm 以下の場合に限って，それぞれ**表 3.11** および **3.12** に示す。

〔4〕 **SBHS 鋼**（**JIS G 3140：higher yield strength steel plates for bridges**）　鋼橋の建設コスト縮減のために，近年産学連携プロジェクトの成果に基づき開発された高性能高張力鋼材であり，JIS G 3140 橋梁用高降伏点鋼板として規格化されている。**表 3.13** に示すように，従来鋼よりも降伏点が向上し，板厚にかかわらず降伏点も一定である。また，冷間加工性・溶接性が

## 3.5 種類と用途

**表3.8** 溶接構造用圧延鋼材の機械的性質

| 種類の記号 | 降伏点または耐力 $[N/mm^2]$ 鋼材の厚さ $t$ [mm] | | | | 引張強さ $[N/mm^2]$ | 伸び* [%] |
|---|---|---|---|---|---|---|
| | $t \leq 16$ | $16 < t \leq 40$ | $40 < t \leq 75$ | $75 < t \leq 100$ | | |
| SM 400 A<br>SM 400 B<br>SM 400 C | 245 以上 | 235 以上 | 215 以上 | 215 以上 | 400〜510 | 18〜24 以上 |
| SM 490 A<br>SM 490 B<br>SM 490 C | 325 以上 | 315 以上 | 295 以上 | 295 以上 | 490〜610 | 17〜23 以上 |
| SM 490 YA<br>SM 490 YB | 365 以上 | 355 以上 | 335 以上 | 325 以上 | 490〜610 | 15〜21 以上 |
| SM 520 B<br>SM 520 C | 365 以上 | 355 以上 | 335 以上 | 325 以上 | 520〜640 | 15〜21 以上 |
| SM 570 | 460 以上 | 450 以上 | 430 以上 | 420 以上 | 570〜720 | 19〜26 以上 |

\* 伸びの規定は鋼材の厚さおよび試験片の種類により異なる。

**表3.9** 溶接構造用圧延鋼材の化学成分

| 種類の記号 | 厚さ $t$ [mm] | 化学成分 [%] | | | | |
|---|---|---|---|---|---|---|
| | | C | Si | Mn | P | S |
| SM 400 A | $t \leq 50$ | 0.23 以下 | — | 2.5×C 以上 | 0.035 以下 | 0.035 以下 |
| | $50 < t \leq 100$ | 0.25 以下 | | | | |
| SM 400 B | $t \leq 50$ | 0.20 以下 | 0.35 以下 | 0.60〜1.50 | | |
| | $50 < t \leq 100$ | 0.22 以下 | | | | |
| SM 400 C | $t \leq 100$ | 0.18 以下 | | | | |
| SM 490 A | $t \leq 50$ | 0.20 以下 | | | | |
| | $50 < t \leq 100$ | 0.22 以下 | | | | |
| SM 490 B | $t \leq 50$ | 0.18 以下 | | 1.65 以下 | | |
| | $50 < t \leq 100$ | 0.20 以下 | | | | |
| SM 490 C | $t \leq 100$ | 0.18 以下 | 0.55 以下 | | | |
| SM 490 YA | $t \leq 100$ | 0.20 以下 | | | | |
| SM 490 YB | | | | | | |
| SM 520 B | $t \leq 100$ | | | | | |
| SM 520 C | | | | | | |
| SM 570 | $t \leq 100$ | 0.18 以下 | | 1.70 以下 | | |

(注) 必要に応じて，この表以外の合金成分を添加してもよい。

**表3.10** SM 570 に対する炭素当量および溶接割れ感受性組成の規定

| 鋼材の厚さ [mm] | $t \leq 50$ | $50 < t \leq 100$ |
|---|---|---|
| 炭素当量 [%] | 0.44 以下 | 0.47 以下 |
| 溶接割れ感受性組成 [%] | 0.28 以下 | 0.30 以下 |

## 3. 鉄　鋼

**表 3.11**　溶接構造用耐候性熱間圧延鋼材の機械的性質

| 種類の記号 | 降伏点または耐力 $[N/mm^2]$ 鋼材の厚さ $t$ [mm] | | | | 引張強さ $[N/mm^2]$ | 伸び* [%] |
|---|---|---|---|---|---|---|
| | $t \leqq 16$ | $16 < t \leqq 40$ | $40 < t \leqq 75$ | $75 < t \leqq 100$ | | |
| SMA 400 AW<br>SMA 400 AP<br>SMA 400 BW<br>SMA 400 BP<br>SMA 400 CW<br>SMA 400 CP | 245 以上 | 235 以上 | 215 以上 | 215 以上 | 400 ～ 540 | 17 ～ 23 以上 |
| SMA 490 AW<br>SMA 490 AP<br>SMA 490 BW<br>SMA 490 BP<br>SMA 490 CW<br>SMA 490 CP | 365 以上 | 355 以上 | 335 以上 | 325 以上 | 490 ～ 610 | 15 ～ 21 以上 |
| SMA 570 W<br>SMA 570 P | 460 以上 | 450 以上 | 430 以上 | 420 以上 | 570 ～ 720 | 19 ～ 26 以上 |

\*　伸びの規定は鋼材の厚さおよび試験片の種類により異なる。

**表 3.12**　溶接構造用耐候性熱間圧延鋼材の化学成分

| 種類の記号 | C | Si | Mn | P | S | Cu | Cr | Ni |
|---|---|---|---|---|---|---|---|---|
| SMA 400 AW<br>SMA 400 BW<br>SMA 400 CW | 0.18 以下 | 0.15 ～ 0.65 | 1.25 以下 | 0.035 以下 | 0.035 以下 | 0.30 ～ 0.50 | 0.45 ～ 0.75 | 0.05 ～ 0.30 |
| SMA 400 AP<br>SMA 400 BP<br>SMA 400 CP | | 0.55 以下 | | | | 0.20 ～ 0.35 | 0.30 ～ 0.55 | — |
| SMA 490 AW<br>SMA 490 BW<br>SMA 490 CW | | 0.15 ～ 0.65 | 1.40 以下 | | | 0.30 ～ 0.50 | 0.45 ～ 0.75 | 0.05 ～ 0.30 |
| SMA 490 AP<br>SMA 490 BP<br>SMA 490 CP | | 0.55 以下 | | | | 0.20 ～ 0.35 | 0.30 ～ 0.55 | — |
| SMA 570 W | | 0.15 ～ 0.65 | | | | 0.30 ～ 0.50 | 0.45 ～ 0.75 | 0.05 ～ 0.30 |
| SMA 570 P | | 0.55 以下 | | | | 0.20 ～ 0.35 | 0.30 ～ 0.55 | — |

## 3.5 種類と用途

表 3.13 SBHS 鋼のおもな性質

| 鋼材 | 降伏点又は耐力 $[N/mm^2]$ | 引張強さ $[N/mm^2]$ | 予熱 | シャルピー試験 | | 試験方向 |
|---|---|---|---|---|---|---|
| | | | | 試験温度 [℃] | 吸収エネルギー [J] | |
| SBHS 500 [W] | 500 以上 | 570～720 | 不要 | -5 | 100 以上 | 圧延直角方向 |
| SBHS 700 [W] | 700 以上 | 780～930 | 50℃ | -40 | 100 以上 | |

従来鋼よりも優れ,予熱省略・予熱温度低減が可能である.さらに,シャルピー試験を圧延直角方向 (C 方向) とすることで板取方向の自由度を確保している.

### 3.5.3 鉄筋コンクリート用棒鋼

鉄筋コンクリート用棒鋼には,コンクリートとの付着強度が大きい,延性が大きく溶接性が良好である,低温ぜい性が生じない,降伏点および疲労強度が高いといった性質が要求される.

丸鋼 (SR 235, 295) とコンクリートとの付着力を増すために表面に突起を設けた異形棒鋼 (SD 295 A・B, 345, 390, 490) があり,いずれも JIS G 3112 鉄筋コンクリート用棒鋼に規定されている.SR や SD に続く 3 桁の数字は保証降伏点である.構造用鋼材では 3 桁の数字が保証引張強さを示していたのとは異なるので注意されたい.それぞれの機械的性質を**表 3.14** に示す.年間使用量は 1 200～1 300 万 t であるが,そのうち 90 % 以上が異形棒鋼である.なお,異形棒鋼の突起の形はメーカーによって異なっている.軸方向の突起をリブ,円周方向の突起をふしという.**図 3.19** に異形棒鋼の例を示す.

標準径は 6, 10, 13, 16, 19, 22, 25, 29, 32, 35, 38, 41, 51 mm である.このうち 16～25 mm がよく用いられる.

JIS G 3117 には,平鋼や H 鋼の製造途上で生じる端材を再圧延した鉄筋コンクリート用再生棒鋼が,**表 3.15** に示すように 5 種類規定されている.一般に再生棒鋼は物理的性質が劣るため,構造用にはほとんど用いられない.

表3.14 鉄筋コンクリート用棒鋼の機械的性質

| 種類 | 引張試験 | | 伸び | | 曲げ性 | | |
|---|---|---|---|---|---|---|---|
| | 降伏点または耐力〔N/mm²〕 | 引張り強さ〔N/mm²〕 | 試験片 | 〔%〕 | 曲げ角度 | 区分 | 内側半径 |
| SR 235 | 235 以上 | 380 〜 520 | 2号<br>3号 | 20≦<br>24≦ | 180° | — | 公称直径の1.5倍 |
| SR 295 | 295 以上 | 440 〜 600 | 2号<br>3号 | 18≦<br>20≦ | 180° | 径16 mm 以下<br>径16 mm 超え | 公称直径の1.5倍<br>公称直径の2.0倍 |
| SD 295 A | 295 以上 | 440 〜 600 | 2号に準じるもの<br>14A号に準じるもの | 16≦<br>17≦ | 180° | D 16 以下<br>D 16 超え | 公称直径の1.5倍<br>公称直径の2.0倍 |
| SD 295 B | 295 〜 390 | 440 以上 | 2号に準じるもの<br>14A号に準じるもの | 16≦<br>17≦ | 180° | D 16 以下<br>D 16 超え | 公称直径の1.5倍<br>公称直径の2.0倍 |
| SD 345 | 345 〜 440 | 490 以上 | 2号に準じるもの<br>14A号に準じるもの | 18≦<br>19≦ | 180° | D 16 以下<br>D 16 超え D 41 以下<br>D 51 | 公称直径の1.5倍<br>公称直径の2.0倍<br>公称直径の2.5倍 |
| SD 390 | 390 〜 510 | 560 以上 | 2号に準じるもの<br>14A号に準じるもの | 16≦<br>17≦ | 180° | — | 公称直径の2.5倍 |
| SD 490 | 490 〜 625 | 620 以上 | 2号に準じるもの<br>14A号に準じるもの | 12≦<br>13≦ | 90° | D 25 以下<br>D 25 超え | 公称直径の2.5倍<br>公称直径の3.0倍 |
| 備考 | 異形棒鋼で寸法が呼び名 D 32 を超えるものについては,呼び名3を増すごとに上表の伸びの値からそれぞれ2%減じる。ただし,減じる限度は4%とする。 | | | | | | |

図3.19 異形棒鋼の例

表3.15 鉄筋コンクリート用再生棒鋼の種類と機械的性質

| 区分 | 種類の記号 | 降伏点または耐力〔N/mm²〕 | 引張強さ〔N/mm²〕 | 引張試験片 | 伸び〔%〕 | 曲げ性 | |
|---|---|---|---|---|---|---|---|
| | | | | | | 曲げ角度 | 内側半径 |
| 再生丸鋼 | SRR 235 | 235 以上 | 380 〜 590 | 2号 | 20 以上 | 180° | 公称直径の1.5倍 |
| | SRR 295 | 295 以上 | 440 〜 620 | | 18 以上 | | |
| 再生異形棒鋼 | SDR 235 | 235 以上 | 380 〜 590 | 2号に準じるもの | | | |
| | SDR 295 | 295 以上 | 440 〜 620 | | 16 以上 | | |
| | SDR 345 | 345 以上 | 490 〜 690 | | | | |

## 3.5.4 PC 鋼材

PC 鋼材とは，PC（prestressed concrete：プレストレストコンクリート）にプレストレス（緊張力）を導入するために用いられる高強度の鋼材であり，PC 鋼線，PC 鋼より線，PC 鋼棒がある。

種類と記号の意味は以下のとおりである。

〔1〕 **PC 鋼線，PC 鋼より線（JIS G 3536：steel wires and strands for prestressed concrete）** ピアノ線材に熱処理の一種であるパテンティングを施した後，冷間加工したもの，あるいはそれをより合わせたものを，最終工程において残留ひずみ除去のため焼きなました（この処理をブルーイングという）ものである。表3.16に示すように，PC 鋼線は6種類，PC 鋼より線は10種類ある。機械的性質を表3.17に示す。

〔2〕 **PC 鋼棒（steel bars for prestressed concrete）** ホットストレッチング，引抜き，熱処理のいずれか，またはこれらの組合せによって製造されたPC鋼棒（JIS G 3109）と焼入れ，焼戻しを行って熱間圧延または冷間加工

表3.16 PC 鋼線およびPC 鋼より線の種類

(JIS G 3536)

| 種類 | | | 記号[a] | 断面 |
|---|---|---|---|---|
| 線 | 丸線 | A 種 | SWPR1AN, SWPR1AL | ○ |
| | | B 種[b] | SWPR1BN, SWPR1BL | ○ |
| | 異形線 | | SWPD1N, SWPD1L | ○ |
| より線 | 2本より線 | | SWPR2N, SWPR2L | 8 |
| | 異形3本より線 | | SWPD3N, SWPD3L | ⋈ |
| | 7本より線[c] | A 種 | SWPR7AN, SWPR7AL | ❀ |
| | | B 種 | SWPR7BN, SWPR7BL | ❀ |
| | 19本より線[d] | | SWPR19N, SWPR19L | ❀ ❀ |

[a] リラクセーション規格値によって，通常品はN，低リラクセーション品はLを記号の末尾につける。
[b] 丸線のB種は，A種より引張強さが $100\,\text{N/mm}^2$ 高強度の種類を示す。
[c] 7本より線のA種は，引張強さ $1\,720\,\text{N/mm}^2$ 級を，B種は $1\,860\,\text{N/mm}^2$ 級を示す。
[d] 19本より線のうち，$28.6\,\text{mm}$ の断面の種類はシール形およびウォーリントン形とし，それ以外の19本より線の断面はシール形だけを適用する。

表3.17 PC鋼線およびPC鋼より線の機械的性質

| 記号 | 呼び名 | 0.2％永久伸びに対する試験力〔kN〕 | 最大試験力〔kN〕 | 伸び〔％〕 | リラクセーション値〔％〕 | |
|---|---|---|---|---|---|---|
| | | | | | N | L |
| SWPR1AN<br>SWPR1AL<br>SWPD1N<br>SWPD1L | 2.9 mm | 11.3 以上 | 12.7 以上 | 3.5 以上 | | |
| | 4 mm | 18.6 以上 | 21.1 以上 | | | |
| | 5 mm | 27.9 以上 | 31.9 以上 | 4.0 以上 | | |
| | 6 mm | 38.7 以上 | 44.1 以上 | | | |
| | 7 mm | 51.0 以上 | 58.3 以上 | | | |
| | 8 mm | 64.2 以上 | 74.0 以上 | 4.5 以上 | | |
| | 9 mm | 78.0 以上 | 90.2 以上 | | | |
| SWPR1BN<br>SWPR1BL | 5 mm | 29.9 以上 | 33.8 以上 | 4.0 以上 | | |
| | 7 mm | 54.9 以上 | 62.3 以上 | 4.5 以上 | | |
| | 8 mm | 69.1 以上 | 78.9 以上 | | | |
| SWPR2N<br>SWPR2L | 2.9 mm<br>2本より | 22.6 以上 | 25.5 以上 | | | |
| SWPD3N<br>SWPD3L | 2.9 mm<br>3本より | 33.8 以上 | 38.2 以上 | | | |
| SWPR7AN<br>SWPR7AL | 7本より<br>9.3 mm | 75.5 以上 | 88.8 以上 | | 8.0 以下 | 2.5 以下 |
| | 7本より<br>10.8 mm | 102 以上 | 120 以上 | | | |
| | 7本より<br>12.4 mm | 136 以上 | 160 以上 | | | |
| | 7本より<br>15.2 mm | 204 以上 | 240 以上 | | | |
| SWPR7BN<br>SWPR7BL | 7本より<br>9.5 mm | 86.8 以上 | 102 以上 | 3.5 以上 | | |
| | 7本より<br>11.1 mm | 118 以上 | 138 以上 | | | |
| | 7本より<br>12.7 mm | 156 以上 | 183 以上 | | | |
| | 7本より<br>15.2 mm | 222 以上 | 261 以上 | | | |
| SWPR19N<br>SWPR19N | 19本より<br>17.8 mm | 330 以上 | 387 以上 | | | |
| | 19本より<br>19.3 mm | 387 以上 | 451 以上 | | | |
| | 19本より<br>20.3 mm | 422 以上 | 495 以上 | | | |
| | 19本より<br>21.8 mm | 495 以上 | 573 以上 | | | |
| | 19本より<br>28.6 mm | 807 以上 | 949 以上 | | | |

## 3.5 種類と用途

によって表面に一様な突起またはくぼみを付けた細径異形PC鋼棒（JIS G 3137）がある。前者には**表3.18**に示す8種類があり，その直径は丸鋼棒では9.2 mmから40 mmまでの13種類，異形棒鋼では17 mmから36 mmまでの9種類である。主としてポストテンション方式によるプレストレストコンクリートに用いられる。後者には**表3.19**に示す6種類があり，その直径は7.1 mmから12.6 mmまでの6種類である。主としてプレテンション方式によるプレストレストコンクリートに用いられる。R，D，N，Lの意味はPC鋼線と同じであり，数字は0.2％耐力/引張強さを表す。

表3.18 PC鋼棒の種類と機械的性質

| 種類 | | | 記号 | 耐力 $[N/mm^2]$ | 引張強さ $[N/mm^2]$ | 伸び $[\%]$ | リラクセーション値 $[\%]$ |
|---|---|---|---|---|---|---|---|
| 丸棒鋼 | A種 | 2号 | SBPR 785/1030 | 785 以上 | 1 030 以上 | 5 以上 | 4.0 以下 |
| | B種 | 1号 | SBPR 930/1080 | 930 以上 | 1 080 以上 | | |
| | | 2号 | SBPR 930/1180 | | 1 180 以上 | | |
| | C種 | 1号 | SBPR 1080/1230 | 1 080 以上 | 1 230 以上 | | |
| 異形棒鋼 | A種 | 2号 | SBPD 785/1030 | 785 以上 | 1 030 以上 | | |
| | B種 | 1号 | SBPD 930/1080 | 930 以上 | 1 080 以上 | | |
| | | 2号 | SBPD 930/1180 | | 1 180 以上 | | |
| | C種 | 1号 | SBPD 1080/1230 | 1 080 以上 | 1 230 以上 | | |

表3.19 細径異形PC鋼棒の種類と機械的性質

| 種類 | | 記号 | 耐力* $[N/mm^2]$ | 引張強さ $[N/mm^2]$ | 伸び $[\%]$ | リラクセーション値 $[\%]$ |
|---|---|---|---|---|---|---|
| B種 | 1号 | SBPDN 930/1080 | 930 以上 | 1 080 以上 | 5 以上 | 4.0 以下 |
| | | SBPDL 930/1080 | | | | 2.5 以下 |
| C種 | 1号 | SBPDN 1080/1230 | 1 080 以上 | 1 230 以上 | | 4.0 以下 |
| | | SBPDL 1080/1230 | | | | 2.5 以下 |
| D種 | 1号 | SBPDN 1275/1420 | 1 275 以上 | 1 420 以上 | | 4.0 以下 |
| | | SBPDL 1275/1420 | | | | 2.5 以下 |

＊ 耐力とは，0.2％永久伸びに対する応力をいう。

### 3.5.5 高力ボルト

鋼構造物の現場継手には高力ボルトが用いられることが多い。高力ボルト継手は力の伝達メカニズムにより，摩擦接合，支圧接合，引張接合の3種類に分類される。

〔1〕**摩擦接合用高力ボルト**　現在一般に用いられる摩擦接合用高力ボルトは，**図3.20**に示す高力六角ボルトとトルシア形高力ボルトの2種類である。

摩擦接合用高力六角ボルト・六角ナット・平座金のセットはJIS B 1186に定められている。セットの種類は，**表3.20**に示すように，機械的性質によって1種（F8T），2種（F10T），3種（F11T）に，さらにトルク係数値によってさらにAとBに分かれている。括弧付きとなっているF11Tは遅れ破壊の実例があるため，なるべく使用しないこととされている。ボルトの機械的性質の規定を**表3.21**に示す。また，ねじの呼び寸法として，M12，M16，M20，M22，M24，M27，M30の7種類が規定されているが，一般にはM20，M22，M24の3種類が用いられている。

（a）高力六角ボルト　　（b）トルシア形ボルト

**図3.20**　摩擦接合用高力ボルト

**表3.20**　摩擦接合用高力ボルトのセット

| セットの種類 | | 適用する部品の機械的性質による等級 | | |
|---|---|---|---|---|
| 機械的性質による種類 | トルク係数値による種類 | ボルト | ナット | 座金 |
| 1種 | A | F8T | F10<br>（F8） | F35 |
| | B | | | |
| 2種 | A | F10T | F10 | |
| | B | | | |
| （3種） | A | （F11T） | | |
| | B | | | |

表3.21 ボルト試験片の機械的性質

| 機械的性質による等級 | 耐力 〔N/mm$^2$〕 | 引張強さ 〔N/mm$^2$〕 | 伸び 〔％〕 | 絞り 〔％〕 |
|---|---|---|---|---|
| F 8 T | 640 以上 | 800 〜 1 000 | 16 以上 | 45 以上 |
| F 10 T | 900 以上 | 1 000 〜 1 200 | 14 以上 | 40 以上 |
| F 11 T | 950 以上 | 1 000 〜 1 300 | 14 以上 | 40 以上 |

トルシア形ボルトは，ボルトの先端に付したピンテールで締付けトルクの反力を受け，この反力が所定の値になると破断溝が破断するように製作されている。締付けの完了がピンテールの破断で確認できるため，煩雑な施工管理を必要としない。また，ボルトの頭が丸形であり，頭側の座金を省略して使用するため，高力六角ボルトに比べ重量が低減するというメリットもある。トルシア形ボルトはJISには規定されていない。(社) 日本鋼構造協会規格JSS Ⅱ-09と (社) 日本道路協会規格に，高力六角ボルトの2種（F 10 T）に相当する1種類（S 10 T）のみが六角ナット，平座金とセットで規定されている。前者は建築構造物用，後者は橋梁用であり，若干異なった規格となっている。

〔2〕 **支圧接合用高力ボルト** 日本道路協会規格に支圧接合用打込み式高力ボルトが規定されており，わが国で道路橋に支圧接合を採用する場合には，このボルトを使用することになっている。ただし，支圧接合ではボルト孔に対して高い製作精度が求められるのに加え，現場での作業量も多いことから，使用されることはまれである。図3.21に支圧接合用高力ボルトを示す。

〔3〕 **引張接合用高力ボルト** 引張接合には，おもに高力六角ボルトが使

図3.21 支圧接合用高力ボルト

用されているが，トルシア型高力ボルトが使用されることもある。

### 3.5.6 溶 接 材 料

　溶接により構造部材，あるいは構造物を製作する場合，まず溶接方法を決めた後，それに適した溶接材料を選択するのが一般的である。溶接方法にはさまざまな種類があるため，溶接材料も多岐にわたる。建設分野で代表的な構造物の一つである鋼橋の製作には，溶接方法としておもに被覆アーク溶接，ガスシールドアーク溶接，サブマージアーク溶接の3種類が用いられている。以下に，被覆アーク溶接に用いられる溶接棒とガスシールドアーク溶接に用いられる溶接ワイヤについて説明する。

　〔1〕 **被覆アーク溶接棒**　　被覆アーク溶接は金属の棒（心線）とその周囲に塗布された被覆剤とで構成された溶接棒を電極として，母材との間にアークを発生させ，アーク熱で溶接棒と母材を溶融させる溶接法である。被覆アーク溶接棒は，鋼材の種類，板厚，溶接姿勢，構造物の種類などに応じて使い分けられている。2008年12月に改正されたJIS Z 3211「軟鋼，高張力鋼及び低温用鋼用被覆アーク溶接棒」では，**図3.22**のような記号のつけ方が規定されている。代表的な軟鋼用溶接棒の種類と機械的性質を**表3.22**に示す。

　〔2〕 **ガスシールドアーク溶接材料**　　ガスシールドアーク溶接は，$CO_2$，Arなどのガスによって，アークおよび溶着金属を大気から遮へいしながら行うアーク溶接のことである。用いられる溶接材料にはソリッドワイヤとフラックス入りワイヤの2種類がある。前者はJIS Z 3312，後者はJIS Z3313に規定されている。ワイヤの断面構造を**図3.23**に示す。ソリッドワイヤとフラックス入りワイヤは，それぞれ適用するシールドガス組成とワイヤあるいは溶着金属の化学成分および溶着金属の機械的性質等によって分類されている。**図3.24**，**表3.23**にそれぞれソリッドワイヤの記号のつけ方，ワイヤの種類を示す。また，**図3.25**，**表3.24**，**表3.25**にそれぞれフラックス入りワイヤの記号のつけ方，区分記号とその組合せ，使用特性の記号を示す。

## 3.5 種類と用途

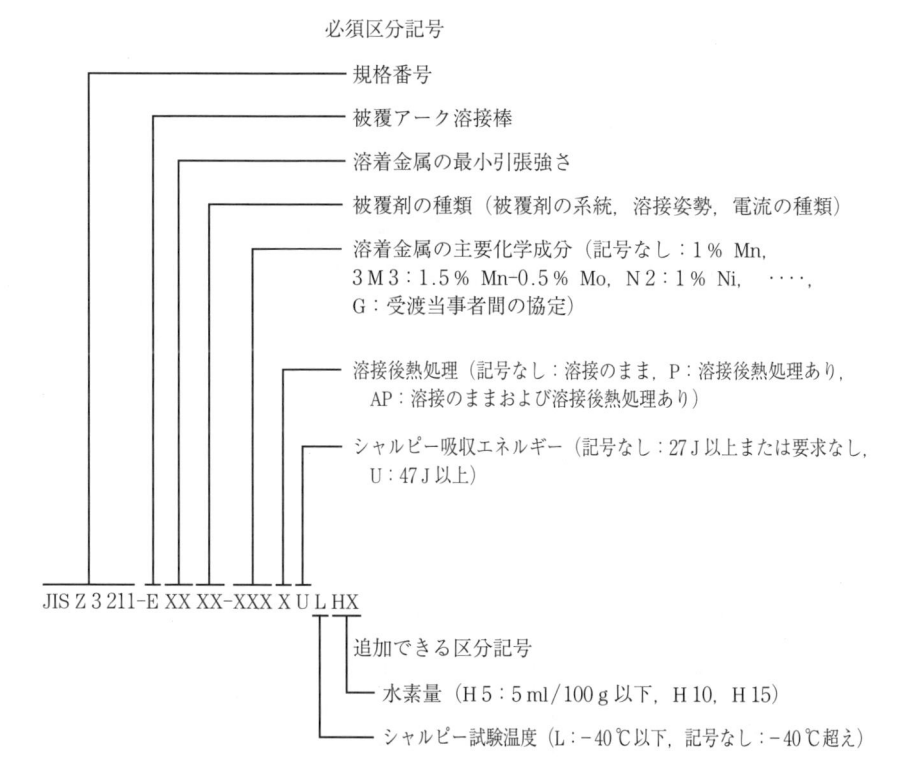

必須区分記号
- 規格番号
- 被覆アーク溶接棒
- 溶着金属の最小引張強さ
- 被覆剤の種類（被覆剤の系統，溶接姿勢，電流の種類）
- 溶着金属の主要化学成分（記号なし：1％ Mn，3 M 3：1.5％ Mn-0.5％ Mo，N 2：1％ Ni，……，G：受渡当事者間の協定）
- 溶接後熱処理（記号なし：溶接のまま，P：溶接後熱処理あり，AP：溶接のままおよび溶接後熱処理あり）
- シャルピー吸収エネルギー（記号なし：27 J以上または要求なし，U：47 J以上）

JIS Z 3 211-E XX XX-XXX X U L HX

追加できる区分記号
- 水素量（H 5：5 ml/100 g以下，H 10，H 15）
- シャルピー試験温度（L：-40℃以下，記号なし：-40℃超え）

**図3.22** 被覆アーク溶接棒の記号のつけ方

**表3.22** 軟鋼用被覆アーク溶接棒の種類と溶着金属の機械的性質

| 記号 | 被覆剤の系統 | 溶接姿勢 | 電流の種類 | 溶着金属の機械的性質 ||||| 
|---|---|---|---|---|---|---|---|---|
| | | | | 引張試験 ||| 衝撃試験 ||
| | | | | 引張強さ〔MPa〕 | 耐力〔MPa〕 | 伸び〔％〕 | 温度〔℃〕 | 吸収エネルギー〔J〕 |
| E 4303 | ライムチタニヤ系 | 全姿勢 | ACおよび/またはDC± | 430以上 | 330以上 | 20以上 | 0 | 27以上 |
| E 4311 | 高セルローズ系 | | ACおよび/またはDC+ | | | | -30 | |
| E 4313 | 高酸化チタン系 | | ACおよび/またはDC± | | | 16以上 | — | — |
| E 4316-H 15 | 低水素系 | | ACおよび/またはDC+ | | | 20以上 | -30 | 27以上 |
| E 4319 | イルミナイト系 | | | | | | -20 | |
| E 4324 | 鉄粉酸化チタン系 | 下向，水平すみ肉 | ACおよび/またはDC± | | | 16以上 | — | — |
| E 4327 | 鉄粉酸化鉄系 | | ACおよび/またはDC- | | | 20以上 | -30 | 27以上 |
| E 4340 | 特殊系 | 製造業者の推奨 | 製造業者の推奨 | | | | 0 | |

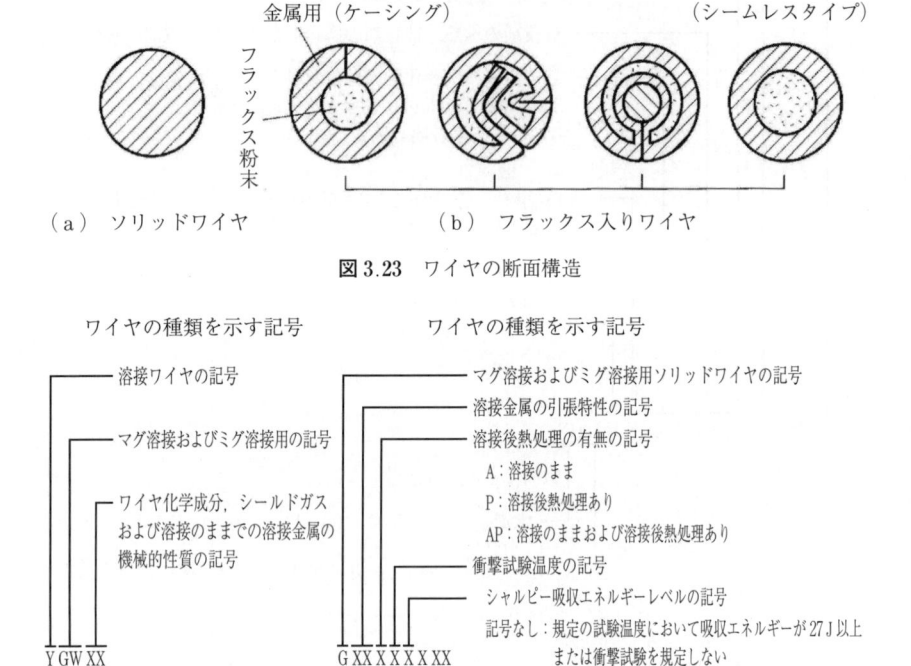

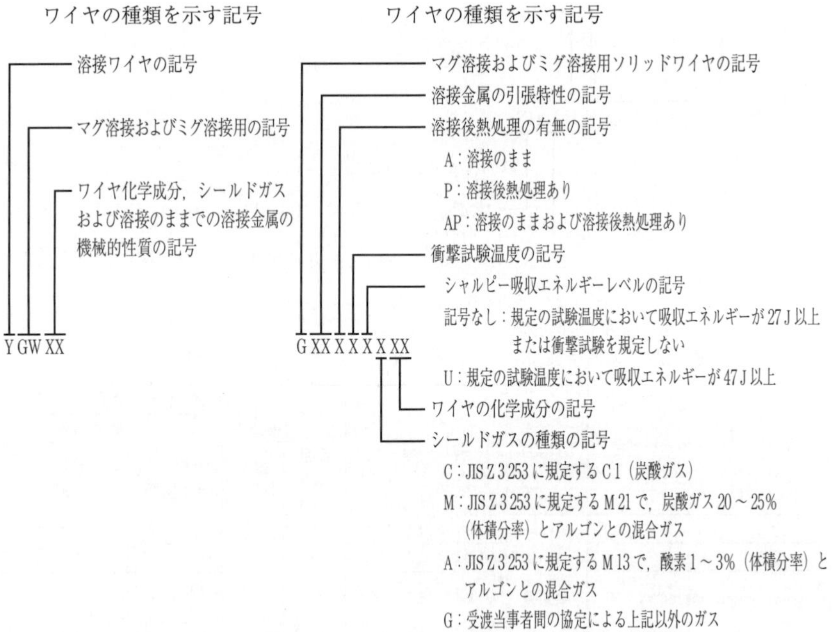

## 3. 鉄　鋼

金属用（ケーシング）　　　　（シームレスタイプ）

フラックス粉末

（a）ソリッドワイヤ　　　　（b）フラックス入りワイヤ

図 3.23　ワイヤの断面構造

ワイヤの種類を示す記号

- 溶接ワイヤの記号
- マグ溶接およびミグ溶接用の記号
- ワイヤ化学成分，シールドガスおよび溶接のままでの溶接金属の機械的性質の記号

Y G W XX

ワイヤの種類を示す記号

- マグ溶接およびミグ溶接用ソリッドワイヤの記号
- 溶接金属の引張特性の記号
- 溶接後熱処理の有無の記号
  - A：溶接のまま
  - P：溶接後熱処理あり
  - AP：溶接のままおよび溶接後熱処理あり
- 衝撃試験温度の記号
- シャルピー吸収エネルギーレベルの記号
  - 記号なし：規定の試験温度において吸収エネルギーが27 J以上または衝撃試験を規定しない
  - U：規定の試験温度において吸収エネルギーが47 J以上
- ワイヤの化学成分の記号
- シールドガスの種類の記号
  - C：JIS Z 3253に規定するC1（炭酸ガス）
  - M：JIS Z 3253に規定するM21で，炭酸ガス20～25%（体積分率）とアルゴンとの混合ガス
  - A：JIS Z 3253に規定するM13で，酸素1～3%（体積分率）とアルゴンとの混合ガス
  - G：受渡当事者間の協定による上記以外のガス

G XXXXXXX

図 3.24　ソリッドワイヤの記号のつけ方

## 3.5 種類と用途

**表3.23 ソリッドワイヤの種類**

| ワイヤの種類 | ワイヤの化学成分の記号[*1] | シールドガス | 溶着金属の機械的性質[*2] | | | 衝撃試験温度 [℃] | シャルピー吸収エネルギーの規定値[*4] [J] |
|---|---|---|---|---|---|---|---|
| | | | 引張強さ [MPa] | 耐力[*3] [MPa] | 伸び [%] | | |
| YGW 11 | 11 | C[*5] | 490〜670 | 400 以上 | 18 以上 | 0 | 47 以上 |
| YGW 12 | 12 | | | 390 以上 | | | 27 以上 |
| YGW 13 | 13 | | | | | | |
| YGW 14 | 14 | | 430〜600 | 330 以上 | 20 以上 | | |
| YGW 15 | 15 | M[*6] | 490〜670 | 400 以上 | 18 以上 | −20 | 47 以上 |
| YGW 16 | 16 | | | 390 以上 | | | 27 以上 |
| YGW 17 | 17 | | 430〜600 | 330 以上 | 20 以上 | | |
| YGW 18 | J18 | C[*5] | 550〜740 | 460 以上 | 17 以上 | 0 | 70 以上 |
| YGW 19 | J19 | M[*6] | | | | | 47 以上 |

*1 ワイヤの化学成分の記号は,JIS Z 3312 表3による。
*2 溶接のままで試験を行う。
*3 降伏が発生した場合には下降伏応力とし,その場合以外は,0.2%耐力とする。
*4 衝撃試験片の個数は,3個とし,その平均値で評価する。
*5 C:JIS Z 3253に規定するC1(炭酸ガス)
*6 M:JIS Z 3253に規定するM21で,炭酸ガス20〜25%(体積分率)とアルゴンとの混合ガス

```
T XX X TX-X X-XXX-U H X
```

- アーク溶接用フラックス入りワイヤの記号
- 溶接金属または継手溶接の引張強さの記号
- 衝撃試験温度の記号(ソリッドワイヤの場合とほぼ同じ)
- 使用特性の記号(解釈にはJIS原本が必要)
- 適用溶接姿勢の記号(0:下向き,水平すみ肉,1:全姿勢)
- シールドガスの種類の記号
  C:CO₂,M:CO₂を20〜25%含むAr混合ガス
  G:受け渡し当事者間の協定,N:シールドガスなし
- 溶接の種類の記号
  A:マルチパス溶接のまま,P:マルチパスPWHTあり
  AP:マルチパス溶接のまま,またはPWHTあり
  S:1パス溶接のまま
- 溶着金属の化学組成の記号(JIS原本要)
- (以下追加できる区分記号)
- 溶着金属の水素量の記号
- シャルピー吸収エネルギのレベル記号(ソリッドワイヤと同じ)

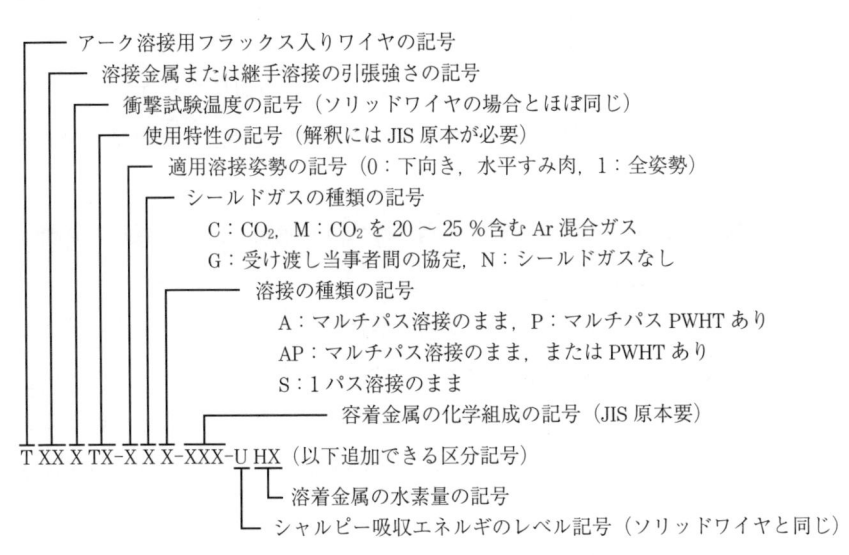

**図3.25 フラックス入りワイヤの記号のつけ方**

表3.24 フラックス入りワイヤの区分記号およびその組合せ

| 引張特性の記号 | 衝撃試験温度の記号 | 使用特性の記号 | 溶接姿勢の記号[*1] | 溶接の種類の記号 | 溶着金属の化学成分の記号 |
|---|---|---|---|---|---|
| 59, 62, 69, 76, 78, 83 | Y, 0, 2, 3, 4, 5, 6, 7, 8, Z | T1, T5, T7, T15, TG | 0, 1 | A, P, AP | 3M2, N2M2, N3M2, G, 3M3, 4M2, N2M1, N3M1, N4M1, N4M2, N4C1M2, N4C2M2, N6C1M4, N3C1M2 |
| | | T4 | 0 | | |
| 59 J[*2] | 1 | T1, T5, T15, TG | 0, 1 | | |
| 78 J[*2] | 2 | | | | |
| 43, 49, 55, 57 | Y, 0, 2, 3, 4, 5, 6, 7, 8, 9, 10 | T1, T5, T7, T15, TG | 0, 1 | A, P, AP | 3M2, N2M2, N3M2, 記号なし, K, 2M3, N1, N2, N3, N7, N1M2 |
| | | T4 | 0 | | |
| 49 J[*2], 52[*2] | 0 | T1, T5, T15, TG | 0, 1 | | |
| 57 J[*2] | 1 | | | | |
| 43, 49, 55, 57 | 記号なし | T1, T5, T7, T15, TG, T13, T14 | 0, 1 | S | 同上 |
| | | T2, T3, T4, T6, T10 | 0 | | |

[*1] 0：PA（下向）およびPB（水平すみ肉），1：全姿勢
[*2] "49 J"，"52"，"57 J"，"59 J"および"78 J"は，シャルピー吸収エネルギーレベルの記号がUである種類だけに適用する。

### 3.5.7 高性能鋼材

通常用いられる鋼材と比べ，なんらかの性能が高い鋼材を高性能鋼材という。強度，じん性，溶接性，耐腐食性などに優れた高性能鋼材が開発，利用されている。そのおもなものを以下に概説する。

〔1〕 **強度に関するもの**　　高強度鋼，降伏点一定鋼，狭降伏点レンジ鋼，低降伏比鋼，極軟鋼などがある。

高強度鋼は，文字どおり引張強さが高い鋼材であり，構造の軽量化が可能となるため，長大吊橋，斜張橋，トラスなどに用いられる。

降伏点一定鋼は，JIS規格とは異なり，板厚40 mm超でも降伏点が板厚により変化しないことを保証したものである。これを用いることで設計上の煩雑さを回避することができる。

降伏点のばらつきを狭い範囲に制御したものが狭降伏点レンジ鋼であり，設計時に想定した破壊モードを実構造物で実現することが可能となる。

## 3.5 種類と用途

**表 3.25** フラックス入りワイヤの使用特性の記号

| 記号 | シールドガス | 電流の種類[*1] | フラックスタイプ | 使用特性（参考） |
|---|---|---|---|---|
| T 1 | あり | DC（+） | ルチール系 | 溶滴はスプレー移行となり，低スパッタ，高溶着速度，平滑または若干凸のビード形状。 |
| T 2 | あり | DC（+） | ルチール系 | 溶滴はスプレー移行となり，"T 1"に近いが，Mnおよび/またはSiの添加量を高めた種類。 |
| T 3 | なし | DC（+）またはAC | 規定なし | 溶滴はスプレー移行となり，高速溶接に適している。 |
| T 4 | なし | DC（+）またはAC | 塩基性系 | 溶滴はグロビュール移行となり，高溶着速度で，耐高温割れ性に優れており，溶込みは浅い。 |
| T 5 | あり | DC（+）またはDC（-） | ライム系 | 溶滴はグロビュール移行となり，若干凸のビード形状でスラグは不均一で薄いが，"T 1"に比べて衝撃特性と耐高温割れ性に優れている。 |
| T 6 | なし | DC（+） | 規定なし | 溶滴はスプレー移行となり，衝撃特性に優れており，ルート部での溶込み性能と開先内でのスラグ剝離性に優れている。 |
| T 7 | なし | DC（-） | 規定なし | 溶滴はスプレー移行となり，高溶着速度で耐高温割れ性に優れている。 |
| T 10 | なし | DC（-） | 規定なし | 溶滴はスプレー移行となり，板厚によらず，高速溶接に適している。 |
| T 13 | なし | DC（-） | 規定なし | 溶滴は短絡移行となり，裏当て材を用いない片面溶接に適している。 |
| T 14 | なし | DC（-） | 規定なし | 溶滴はスプレー移行となり，塗装又はめっき鋼板の単層溶接に適している。 |
| T 15 | あり | DC（+） | メタル系 | 溶滴はスプレー移行となり，鉄粉と合金を主成分とするフラックスであって，スラグ発生量が少ない。 |
| TG[*2] | 受渡当事者間の協定による。 | | | |

[*1] 電流の種類に用いている記号の意味は，以下のとおり。
　　AC：交流，　　DC（+）：ワイヤプラス，　　DC（-）：ワイヤマイナス
[*2] T 1～T 15に規定するもの以外に適用する。

　低降伏比鋼と極軟鋼も構造物の耐震性能を向上させる目的で開発されたものである。前者は通常の鋼材より降伏比 $YR$ を低下させることで，地震時に優れた変形能力を発揮するようにした鋼材であり，後者は低い降伏点と優れた伸び

能力(延性)を持つため,構造物の制震ダンパーとして利用されている。

〔2〕 **じん性や溶接性に関するもの**　高じん性鋼,予熱低減鋼,大入熱溶接対策鋼,耐ラメラテア鋼などがある。

高じん性鋼は,厳しい冷間加工や低温地域での適用に耐えるため,鋼材自体の破壊じん性を高めたものである。

予熱低減鋼と大入熱溶接対策鋼は溶接性を高めるための高性能鋼材である。前者は低温割れに対する抵抗性を向上させているため,予熱作業およびその付帯作業の軽減あるいは省略が可能となる。後者は,溶接入熱によるじん性低下を防止できるため,大入熱での溶接が可能となり,溶接効率の向上につながる。

耐ラメラテア鋼は板厚方向引張に対する割れ抵抗を向上させた鋼材であり,板厚方向に引張をうける部材に適用される。

〔3〕 **耐腐食性等に関するもの**　耐候性鋼,クラッド鋼などがある。

耐候性鋼は,鋼表面に保護性錆を形成するように銅,ニッケル,クロム,リンなどの含有量が設計された低合金鋼である。再塗装を省略することができるため,維持管理コストの削減に寄与する。

クラッド鋼は,異種金属を層状に接合して耐食性を向上させた鋼材である。通常の鋼材と耐腐食性に優れるステンレスやチタンを組み合わせることで,腐食環境の厳しいところに用いることができるようになる。

〔4〕 **そ の 他**　長手方向に直線的に板厚を変化させたLP(longitudinally profiled)鋼板や2枚の鋼板の間に粘弾性樹脂を挟み込んで減衰効果を向上させた制振鋼板などがある。LP鋼板を用いることで溶接個所を減少させ,重量を低減させることができる。制振鋼板は試験的に橋梁のウェブに利用された例がある。

## 3.6　鋳　　　　鉄

鋳鉄は,2.0〜4.5%のC,0.5〜3%のSiを含有した鉄-炭素-シリコン系

の合金である。C，Si量および冷却速度で異なった組織となり，ねずみ鋳鉄，白鋳鉄，球状黒鉛鋳鉄，可鍛鋳鉄の4種類に分類される。

### 3.6.1 ねずみ鋳鉄（JIS G 5501：記号 FC）

最も一般的な鋳鉄である。（引張）強度およびじん性は低いが，鋳造性，加工性は良好で，圧縮強度は十分高く，熱伝導度や表面の摩擦抵抗が大きい。水道用鋳鉄管，橋梁の支承などに使用される。ねずみ鋳鉄品の種類と別鋳込み供試材の機械的性質を表3.26に示す。

表3.26 ねずみ鋳鉄品の種類の記号と別鋳込み供試材の機械的性質

| 種類の記号 | 引張強さ〔N/mm$^2$〕 | 硬さ〔HB〕 |
|---|---|---|
| FC 100 | 100 以上 | 201 以下 |
| FC 150 | 150 以上 | 212 以下 |
| FC 200 | 200 以上 | 223 以下 |
| FC 250 | 250 以上 | 241 以下 |
| FC 300 | 300 以上 | 262 以下 |
| FC 350 | 350 以上 | 277 以下 |

### 3.6.2 球状黒鉛鋳鉄（JIS G 5 502：記号 FCD）

比較的高いC量の溶融鋳鉄にMgやCsを添加して製造される。ダクタイル鋳鉄とも呼ばれ，水道用鋳鉄管，橋梁の床版，支承，地下鉄工事の地上覆工用などに利用される。球状黒鉛鋳鉄品の種類と別鋳込み供試材の機械的性質を表3.27に示す。

### 3.6.3 可鍛鋳鉄（JIS G 5705：記号 FCM）

鉄の炭化物であるセメンタイトが析出し破断面が白い白鋳鉄を，熱処理によって脱炭または黒鉛化した鋳鉄である。強度とじん性が釣合った力学的性質を持つ。熱処理の方法によって，白心可鍛鋳鉄（FCMW），黒心可鍛鋳鉄

表3.27 別鋳込み供試材による球状黒鉛鋳鉄品の種類の記号と機械的性質

| 種類の記号 | 引張強さ〔N/mm²〕 | 0.2％耐力〔N/mm²〕 | 伸び〔％〕 | シャルピー吸収エネルギー | | | 硬さ〔HB〕 |
|---|---|---|---|---|---|---|---|
| | | | | 試験温度〔℃〕 | 3個の平均〔J〕 | 個々の値〔J〕 | |
| FCD 350-22 | 350 以上 | 220 以上 | 22 以上 | 23±5 | 17 以上 | 14 以上 | 150 以下 |
| FCD 350-22L | | | | −40±2 | 17 以上 | 14 以上 | |
| FCD 400-18 | 400 以上 | 250 以上 | 18 以上 | 23±5 | 17 以上 | 14 以上 | 130 〜 180 |
| FCD 400-18L | | | | −20±2 | 17 以上 | 14 以上 | |
| FCD 400-15 | | | 15 以上 | | | | |
| FCD 450-10 | 450 以上 | 280 以上 | 10 以上 | — | — | — | 140 〜 210 |
| FCD 500-7 | 500 以上 | 320 以上 | 7 以上 | | | | 150 〜 230 |
| FCD 600-3 | 600 以上 | 370 以上 | 3 以上 | | | | 170 〜 270 |
| FCD 700-2 | 700 以上 | 420 以上 | 2 以上 | | | | 180 〜 300 |
| FCD 800-2 | 800 以上 | 480 以上 | | | | | 200 〜 330 |

表3.28 代表的な白心可鍛鋳鉄品の記号と機械的性質

| 記号 | 引張強さ〔N/mm²〕 | 0.2％耐力〔N/mm²〕 | 伸び〔％〕 | 硬さ〔HB〕 |
|---|---|---|---|---|
| FCMW 35-04 | 350 以上 | — | 4 以上 | 280 以下 |
| FCMW 38-12 | 380 以上 | 200 以上 | 12 以上 | 200 以下 |
| FCMW 40-05 | 400 以上 | 220 以上 | 5 以上 | 220 以下 |
| FCMW 45-07 | 450 以上 | 260 以上 | 7 以上 | |

(注) 引張強さおよび耐力の規定は試験片の直径によって異なり，上表の値は直径 12 mm の試験片に対する規定値である。

表3.29 代表的な黒心可鍛鋳鉄品およびパーライト可鍛鋳鉄の記号と機械的性質

| 種類の記号 | 引張強さ〔N/mm²〕 | 0.2％耐力〔N/mm²〕 | 伸び〔％〕 | 硬さ〔HB〕 | シャルピー吸収エネルギー | |
|---|---|---|---|---|---|---|
| | | | | | 3個の平均値〔J〕 | 個々の値〔J〕 |
| FCMB 27-04 | 270 以上 | 165 以上 | 4 以上 | 163 以下 | — | — |
| FCMB 30-06 | 300 以上 | — | 6 以上 | 150 以下 | | |
| FCMB 35-10 | 350 以上 | 200 以上 | 10 以上 | | 15 以上 | 13 以上 |
| FCMB 35-10S | | | | | | |
| FCMP 45-06 | 450 以上 | 270 以上 | 6 以上 | 150 〜 200 | — | — |
| FCMP 55-04 | 550 以上 | 340 以上 | 4 以上 | 180 〜 230 | | |
| FCMP 65-02 | 650 以上 | 430 以上 | 2 以上 | 210 〜 260 | | |
| FCMP 70-02 | 700 以上 | 530 以上 | 2 以上 | 240 〜 290 | | |

(FCMB)，パーライト可鍛鋳鉄（FCMP）の3種類に分類される。JISに規定された白心可鍛鋳鉄品の種類と機械的性質を**表3.28**に，黒心可鍛鋳鉄及びパーライト可鍛鋳鉄品の種類と機械的性質を**表3.29**に，それぞれ抜粋して示す。

## 3.7 合 金 鋼

　炭素以外の元素（Cr，Ni，Mn，Mo，Si，Cu，V等）を添加することによって性質が改善された鋼を合金鋼という。合金元素を添加する目的には，硬度を上げる，強度を増大させる，じん性，磁性および電気的性質，耐腐食性，切削性を改善するなどがある。

### 3.7.1　ニッケル鋼

　炭素量0.1％程度の鋼に2.5～9％のNiを添加して製造される。Ni量の増大とともにじん性が向上する。LNGタンク等低温環境下の構造物に利用される。JIS G 3127「低温圧力容器用ニッケル鋼鋼板」には，SL 2 N 255，SL 3 N 255，SL 3 N 275，SL 3 N 440，SL 5 N 590，SL 9 N 520，SL 9 N 590の7種類が規定されている。Lの後の1桁の数字は最低使用可能温度を，Nの後の3桁の数字は降伏点（または耐力）を表す。

### 3.7.2　ニッケルクロム鋼

　Niを1.0～3.5％程度，Cを0.1～0.4％，Crを0.2～1.0％含有した合金鋼である。耐食性・耐磨耗性に優れている。焼鈍することで加工性がよくなる。ニッケル鋼よりも強靭かつ焼入れ硬化性に優れ，車軸，シャフト各種，ピストンピン，クランクシャフト，ギア等に利用される。JIS G 4053「機械構造用合金鋼鋼材」にはSNC 236，SNC 415，SNC 631，SNC 815，SNC 836の5種類が規定されている。3桁の数値の1桁目は主要合金元素量コードを，残りの2桁は炭素量の中央値を表している。

### 3.7.3 ステンレス鋼

表面に酸化クロムの薄い保護層が形成されるように，Crを12％程度以上含有した鋼であり，JISでは金属組織によってオーステナイト系，フェライト系，オーステナイト・フェライト系（二相系），マルテンサイト系，析出硬化系の5種類に分類されている．代表的なJIS規格として，JIS G 4303「ステンレス鋼棒」，G 4304「熱間圧延ステンレス鋼板及び鋼帯」，G 4305「冷間圧延ステンレス鋼板及び鋼帯」などがある．

オーステナイト系（JIS記号 SUS 302，304，316など）は一般に非磁性であり，Niを含有しているため，常温でもオーステナイトの組織が安定している材料である．CrとNiの含有量が多いことから耐食性，耐熱性，低温じん性に優れ，加工性，溶接性なども，ステンレス鋼材種中最も優れている．応力腐食割れ感受性が高く，焼入れ硬化性がないため強さや硬さについては他種に劣る部分があるが，総じて優れた性質を発揮するため幅広い用途に用いられている．添加元素のバリエーションも豊富で，多種多様な種類がある．

フェライト系（JIS記号 SUS 405，430，434など）は，フェライト生成元素であるCr，Mo，Siなどが適度に調整されているため，高温下でもフェライトのまま存在し，すべての状態で磁性がある．一般にはマルテンサイト系よりクロムの含有比率が高く，耐食性はオーステナイト系には劣るが，マルテンサイト系より高い．特にクロム含有比率の高いSUS 430系などは高温における耐酸化性に優れている．オーステナイト系に比べて熱膨張係数が小さく，加熱冷却時の表面スケールの剥離も少ない．Niを含まないため，硫黄（S）を含むガスに対する耐高温腐食性が優れている．オーステナイト系の欠点でもある塩化物応力腐食割れが発生しないという利点もある．価格が安く，溶接性も悪くないので，800℃までの炉部品や化学設備にも利用される．

二相系（JIS記号 SUS 329 J 1，329 J 3 L，329 J 4 L）の最大の特徴は，オーステナイト系の欠点である応力腐食割れに強いという点である．フェライト系の組織も持つため，磁性がある．熱膨張係数はフェライト系とオーステナイ

系の中間の値を示す。延性はフェライトに近く，高強度，高耐食性で経済的といわれる材料で，化学プラント，受水槽，貯水地，油井管，ケミカルタンカー等に使われる。

マルテンサイト系（JIS 記号 SUS 403, 416, 431 など）は加熱によってオーステナイト化した後，焼入れ処理でマルテンサイト化する。さらに，焼戻しにより強度，硬度を向上させる。炭素の含有量が抑えてあるため，耐食性は他種より劣る傾向がある。SUS 403 やブリネル硬さ 500 まで硬化させることができるとされる SUS 420 などマルテンサイト系ステンレスの特徴は「硬さ」である。硬く耐摩耗性に優れることから，刃物，工具，ノズル，タービンブレード，ブレーキディスクなどに利用されている。

析出硬化系（JIS 記号 SUS 630, 631）は，熱処理によって高硬度にしたステンレスである。焼入れによって硬化できないオーステナイト系ステンレスを熱処理によって強力化できるように改良した鋼種であるため，クロムニッケル系の組成を持つ。このため，耐食性はオーステナイト系には及ばないが，クロム系より優れている。

## 3.8 リサイクル

鉄鋼材料はリサイクル体制が整備されており，使用後の鉄は回収さえできればほぼ全量リサイクルされる。

鋼材の製造法には高炉法と電炉法があるが，高炉では鉄鉱石を主原料とし，電炉では鉄スクラップを主原料として鋼材を製造している。電炉法のみで鋼材を繰返し製造した場合，鋼材性能上有害な Cu や Sn が濃縮するため，高炉法で製造された鋼材での希釈が必要となること，建設用鋼材の国内需要量は，高炉法と電炉法とを合わせた供給能力によりまかなわれていることなどから，両者は補完関係にあるといえる。すなわち，この二つの製造法の連携によって鉄の循環が支えられている。

図 3.26 にわが国の 2006 年度の鉄鋼循環図を示す。鉄は社会全体で大きな循

122  3. 鉄　　　鋼

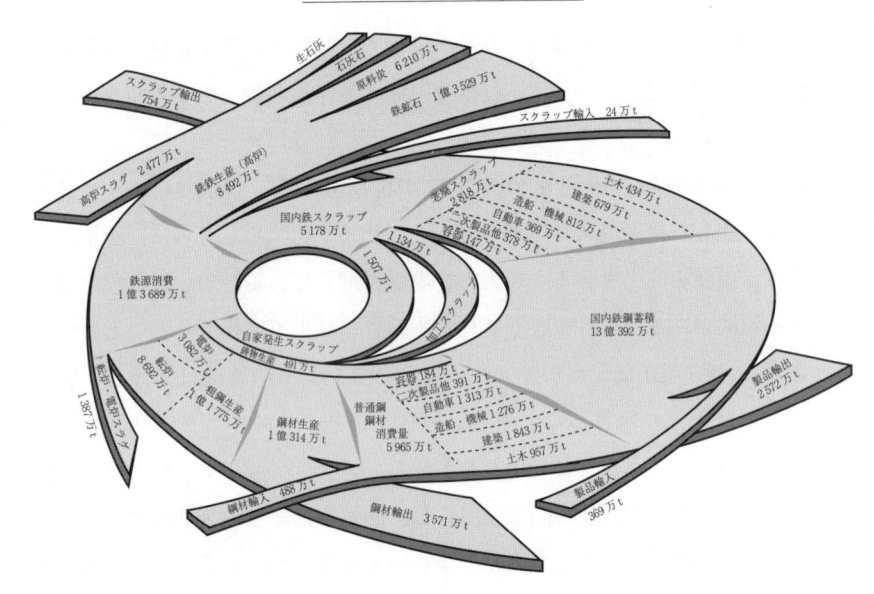

((社) 日本鉄鋼連盟提供。)

図 3.26　鉄鋼循環図 (2006 年度)

環系を形成しており，国内に蓄積された鉄鋼約 13 億 t は貴重な国内資源になっていると考えられる。

### 演 習 問 題

〔1〕 "鉄" と "鋼" の違いを説明せよ。
〔2〕 高炉一貫鉄鋼プロセスを構成する四つの工程を挙げ，それぞれを簡単に説明せよ。
〔3〕 鋼材の性質に及ぼす炭素の影響について述べよ。
〔4〕 JIS に規格化された構造用鋼材の種類とその表示方法を説明せよ。
〔5〕 鋳鉄の種類を説明し，それぞれの代表的な用途を述べよ。

# 4章 高分子材料

## ◆本章のテーマ

　本章では，高分子材料の定義と一般的な特徴を概説した後，合成高分子材料の分類，製造法，性質，用途について述べる。高分子材料は，今のところ構造部材の主要材料として用いられることはあまりないが，用途の節で説明するように，欠くことのできない材料となっている。

　本章により，高分子材料の性質を鋼材やコンクリートと比較して理解するとともに，高分子の分子配列（構造）と性質との関係を理解してほしい。

## ◆本章の構成（キーワード）

4.1 高分子材料とは
　　高分子材料の定義，一般的特徴
4.2 分類
　　モノマー，ポリマー，熱可塑性樹脂，熱硬化性樹脂，合成ゴム
4.3 製造法
　　合成，成形・加工，分子構造
4.4 性質
　　応力-ひずみ曲線，クリープ，耐衝撃性，融点，ガラス転移温度，耐久性，耐熱温度，熱膨張係数
4.5 添加剤（材）
　　着色剤，安定剤，可塑剤
4.6 複合材料
　　FRP，FRP用繊維，力学的性質
4.7 用途
　　接着剤，コーティング・ライニング，樹脂コンクリート，成形材

## ◆本章を学ぶとマスターできる内容

☞ 高分子材料の分類
☞ 高分子材料の製造法
☞ 高分子材料の性質と用途
☞ 繊維補強プラスチック（FRP）の定義と性質

## 4.1 高分子材料とは

　高分子材料とは分子量が数万以上の巨大な分子より成る材料のことであり，一般にその基となる低分子化合物（**単量体**または**モノマー**（monomer）という）が鎖状または網状に繰返し結合している。結合するときの反応を重合反応といい，生じた化合物を単量体に対して**重合体**（**ポリマー**（polymer））という。

　鎖状構造では，分子が直線状に結合しており，分子の自由度が大きいため，一般にやわらかく伸びが大きい。網状構造では，分子が3次元的に網状に結合しているため分子の自由度が小さく，一般に強度，耐熱性，耐薬品性などが向上するが，硬くてもろい特性を示す。

## 4.2 分　　　類

　合成高分子物質はその成り立ちから，図4.1に示すように天然高分子，半合成高分子，合成高分子に分類され，さらに有機高分子と無機高分子に分類される。このうち，土木，建築分野で用いられるのは，大部分が合成有機高分子物質であり，合成樹脂（プラスチック）と合成ゴムに分類できる。

　合成樹脂は，一般に密度は小さいが，強度は比較的大きい，熱伝導率が小さ

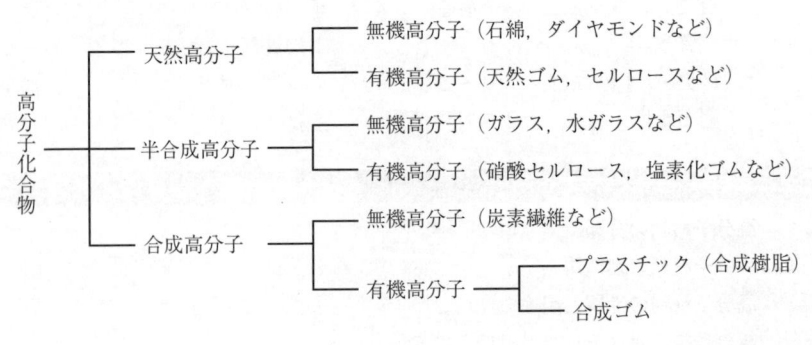

```
高分子化合物 ─┬─ 天然高分子 ──┬─ 無機高分子（石綿，ダイヤモンドなど）
              │                └─ 有機高分子（天然ゴム，セルロースなど）
              ├─ 半合成高分子 ─┬─ 無機高分子（ガラス，水ガラスなど）
              │                └─ 有機高分子（硝酸セルロース，塩素化ゴムなど）
              └─ 合成高分子 ──┬─ 無機高分子（炭素繊維など）
                              └─ 有機高分子 ─┬─ プラスチック（合成樹脂）
                                              └─ 合成ゴム
```

図4.1　合成高分子物質の分類

い，化学的抵抗性が大きい，電気的に絶縁耐力が大きい，耐腐食性が大きいという性質を持つ．金属やコンクリートとの組合せによる使用が可能であり，加工および成形が容易である．また，熱に対する特性と分子構造から，**熱可塑性樹脂**（thermoplastic resin）と**熱硬化性樹脂**（thermosetting resin）に分類される．熱可塑性樹脂は，高温においてやわらかく，低温で硬化する特性を有し，網状の2次元構造を持つ．熱硬化性樹脂は，熱によって化学反応を起こし硬化するタイプの樹脂で，高分子鎖間に架橋結合を付与し，剛な3次元網目構造を形成している．一度硬化すれば再加熱しても軟化することはない．

**合成ゴム**（synthetic rubber）は，常温で外力により大きな変形を生じるが，それを取り除くとすぐに元の形に戻る性質（ゴム弾性）を示す鎖状高分子化合物である．このような高分子は**エラストマー**（elastomer）と呼ばれることもある．ゴムにおける架橋は硫黄を添加して生じさせることから，加硫といわれる．

## 4.3 製 造 法

### 4.3.1 高分子の合成

高分子物質は各種のモノマーを**重合**（polymerization）することで合成される．重合反応は，付加重合，重縮合，重付加，付加縮合に分類される．それぞれの概要は以下のようである．

〔1〕**付 加 重 合** 熱または触媒によって不飽和結合を開き，これがほかのモノマーと結合して高分子となる重合で，重合時に副生成物を生じない．二重結合あるいは三重結合のような不飽和結合を含むモノマー間で生じる．

〔2〕**重 縮 合** 2個以上の官能基を有するモノマーどうしが，水，アンモニア，二酸化炭素などの簡単な分子を放出しながら結合し，高分子となる反応である．異種のモノマー間でも生じる．

〔3〕**重 付 加** 2個の官能基を持つモノマー間で，簡単な分子を離脱することなく，付加反応が繰り返されて高分子となる反応である．

〔4〕 **付 加 縮 合**　2個以上の官能基を持つモノマーが付加反応と縮合反応を繰り返して高分子を生成する反応である。

### 4.3.2 成 形 ・ 加 工

成形・加工は，一般に以下の三つの工程を踏んでなされる。

① 加熱融解，溶媒の使用，配合剤の添加などによって流動性の高い状態にする。

② 型を用いて所定の形状を与える。注型，圧縮，射出，押出し，積層などさまざまな方法が取られる。

③ 冷却，溶媒の除去，硬化反応などによって形状を固定する。

後述する**繊維補強プラスチック**（fiber reinforced plastics，FRP）は，炭素繊維などの補強材にエポキシ樹脂などのマトリックスを浸み込ませ，これを数枚積層することによって製造される。

## 4.4　性　　質

代表的な熱可塑性樹脂，熱硬化性樹脂および合成ゴムの性質を**表 4.1**に示す。比重が 1.0 前後で軽量である一方，引張強度は合成ゴム等，一部の例外を除いて $20\,\text{N}/\text{mm}^2$ と比較的高い。また，一般に耐水性が高く，電位絶縁性に優れる。

### 4.4.1 力 学 的 特 性

高分子材料の力学的特性は，その分子構造と**ガラス転移点**（glass transition point：物理的性質が急変する温度，**ガラス転移温度**ともいう）に依存する。例えば，鎖状構造の熱可塑性樹脂は，一般にやわらかく伸びが大きいのに対して，網状構造の熱硬化性樹脂は，一般に強度，耐熱性，耐薬品性などは高いが，もろいという特性を有する。また，製造時に添加される充填剤や補強材，成型法によっても大きく変化する。ガラス転移点以下で充填剤や補強剤を添加

4.4 性質

表 4.1 代表的な合成高分子物質の性質

|  | 種類 | 比重 (20℃) | 引張強度 [N/mm²] | 伸び [%] | 弾性係数 [kN/mm²] | 曲げ強度 [N/mm²] | 圧縮強度 [N/mm²] | 熱膨張係数 [10⁻⁶/℃] | 耐熱温度 [℃] | 耐薬品性 (常温) 酸 | アルカリ | 塩 | 溶剤 |
|---|---|---|---|---|---|---|---|---|---|---|---|---|---|
| 熱可塑性樹脂 | ポリ酢酸ビニル | 1.18~1.20 | 20~39 | 20~60 | 98~147 | — | — | 230~300 | — | △ | × | ◎ | × |
|  | ポリ塩化ビニル | 1.30~1.40 | 34~62 | 2.0~4.0 | 245~412 | 69~108 | 54~88 | 50~200 | 50~75 | ◎ | ◎ | ◎ | × |
|  | ポリエチレン | 0.92~0.93 | 7~38 | 150~650 | 10~127 | 7~48 | 22 | 110~180 | 80~135 | ◎ | ◎ | ◎ | × |
|  | ポリスチレン | 1.04~1.07 | 21~62 | 1.0~3.6 | 275~412 | 24~130 | 78~111 | 60~80 | 60~75 | ◎ | ◎ | ◎ | × |
|  | ポリアミド | 1.09~1.14 | 48~82 | 20~320 | 98~304 | 54~93 | 49~124 | 100~150 | 80~150 | × | ○ | ◎ | ○ |
|  | ポリメタクリル酸メチル | 1.18~1.19 | 41~75 | 2~10 | 206~343 | 82~118 | 69~131 | 50~90 | 60~90 | ◎ | △ | ◎ | △ |
| 熱硬化性樹脂 | フェノール樹脂 | 1.25~1.30 | 48~69 | 1.0~1.5 | 520~863 | 82~103 | 69~206 | 25~60 | 100~120 | ◎ | × | ◎ | ○ |
|  | 尿素樹脂 | 1.47~1.52 | 41~89 | 0.5~1.0 | 794~1098 | 69~125 | 172~261 | 22~36 | 75~80 | △ | △ | ◎ | ○ |
|  | メラミン樹脂 | 1.47~1.52 | 48~89 | 0.6~1.9 | 686~1030 | 62~110 | 172~310 | 20~45 | 100 | ○ | ○ | ◎ | ◎ |
|  | エポキシ樹脂 | 1.10~1.40 | 27~83 | 1~70 | 294~490 | 98~132 | 108~127 | 45~65 | 100~200 | ◎ | ○ | ◎ | △ |
|  | 不飽和ポリエステル樹脂 | 1.53~1.57 | 41~69 | 0.5~5 | 206~441 | 59~127 | 88~251 | 55~100 | 120~150 | ○ | × | ◎ | ○ |
|  | ウレタン樹脂 | 1.00~1.30 | 29~74 | 100~600 | 10~686 | 5~29 | 49~147 | 100~200 | 80~120 | △ | ○ | ◎ | × |
| 合成ゴム | スチレンブタジエンゴム | 0.93~0.94 | 1~7 | 300~350 | — | — | — | 220 | 70~120 | ○ | ○ | ◎ | ○ |
|  | アクリロニトリルブタジエンゴム | 0.98~1.00 | 3~7 | 450~500 | — | — | — | 130~240 | 80~130 | ◎ | ◎ | ◎ | ○ |
|  | クロロプレンゴム | 1.15~1.23 | 15~28 | 550~600 | — | — | — | 200 | 70~120 | ◎ | ◎ | ◎ | △ |
|  | ブチルゴム | 0.91~0.93 | 13~20 | 600~700 | — | — | — | 190 | 80~150 | ◎ | ◎ | ◎ | △ |
|  | エチレンプロピレンゴム | 0.86~0.87 | 7~25 | 300~800 | — | — | — | — | 80~200 | ◎ | ◎ | ◎ | ○ |
|  | ポリサルファイドゴム | 1.27~1.60 | 5~14 | 200~700 | — | — | — | — | 50~60 | △ | △ | ◎ | ◎ |
|  | シリコンゴム | 1.40~2.00 | 2~12 | 200~500 | — | — | — | 360~400 | 120~300 | △ | ◎ | ◎ | △ |
|  | ウレタンゴム | 1.00~1.30 | 20~25 | 300~1000 | — | — | — | — | 100~130 | △ | ○ | ◎ | △ |

しない場合の強度は表4.1に示したように，最大で100 N/mm²程度であるが，ガラス転移点を超えると顕著に低下する。

典型的な応力-ひずみ関係には，図4.2に示すような種類がある。弾性係数は，プラスチックで$0.1 \sim 10 \times 10^3$ N/mm²程度，合成ゴムで$0.1 \sim 5$ N/mm²程度であり，鋼やコンクリートに比べると相当に小さい。また，クリープは相当に大きい。

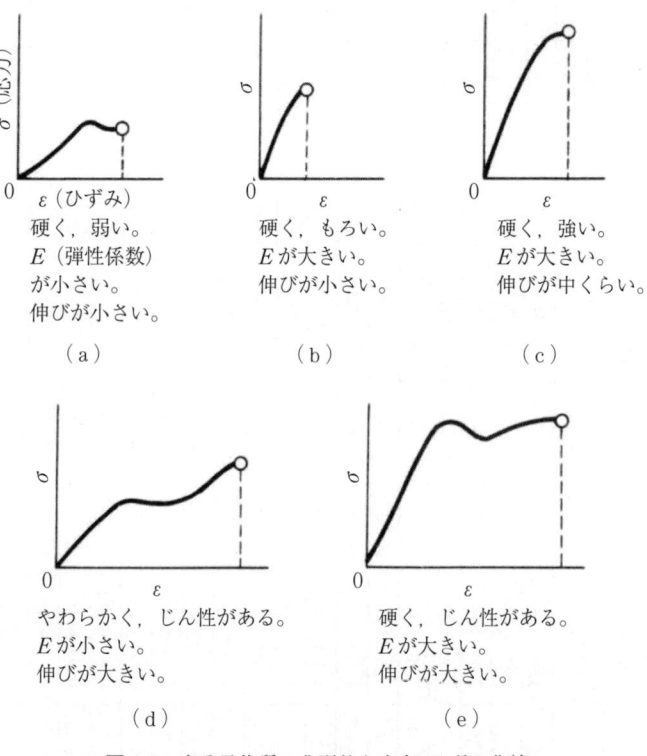

(a) 硬く，弱い。
$E$（弾性係数）が小さい。
伸びが小さい。

(b) 硬く，もろい。
$E$が大きい。
伸びが小さい。

(c) 硬く，強い。
$E$が大きい。
伸びが中くらい。

(d) やわらかく，じん性がある。
$E$が小さい。
伸びが大きい。

(e) 硬く，じん性がある。
$E$が大きい。
伸びが大きい。

図4.2 高分子物質の典型的な応力-ひずみ曲線

## 4.4.2 耐久性

〔1〕**耐薬品性**　プラスチックや合成ゴムの耐薬品性は，鋼やコンクリートに比べて，相当に優れている。

〔2〕**耐候性**　熱，紫外線などの影響によって，酸化，分解，解重合

などの化学的変化を生じ劣化するため，長年月の保証はない。

### 4.4.3 熱的性質

〔1〕**耐 熱 性**　鋼やコンクリートと比較すると，相当に劣る。耐熱温度は，熱可塑性樹脂で $60 \sim 100\,℃$，熱硬化性樹脂で $100 \sim 200\,℃$，合成ゴムで $70 \sim 120\,℃$ であるため，常温以上となる部位に高分子材料を利用することは，基本的に避けなければならない。

〔2〕**熱膨張係数**　熱膨張係数は，熱可塑性樹脂で $50 \sim 200 \times 10^{-6}/℃$，熱硬化性樹脂で $20 \sim 100 \times 10^{-6}/℃$，合成ゴムで $200 \sim 300 \times 10^{-6}/℃$ であり，鋼やコンクリートの $10 \sim 12 \times 10^{-6}/℃$ と比べ，きわめて大きい。

## 4.5　添加剤（材）

合成高分子材料の多くでは，特定の性質を付与するために添加剤（材）が加えられる。添加剤としては，着色剤，種々の環境下での劣化を防止する安定剤，燃焼しにくくさせる添加剤，ガラス転移温度を低下させる可塑剤などがある。また，経済性の向上や補強を目的とする充填材，補強材として，微粉炭素，炭酸カルシウム，シリカ，粘土などがある。

## 4.6　複合材料

複合材料とは，2種類以上の素材を組み合わせることで，元の素材が持っていないような性質を実現させた材料であり，粒子分散型と繊維補強型に分類される。このうち，繊維補強型複合材料は，高強度で剛性の高い繊維を母材（マトリックス）に混入することによって，強度，疲労強度，剛性およびじん性を改善したものである。セメント，モルタル，コンクリートを鋼やガラス繊維で補強したセメント系複合材料，高分子材料をガラス繊維，炭素繊維，アラミド繊維などと組合せた繊維補強プラスチックがある。

### 4.6.1　FRP 用繊維

各 FRP 用繊維の概要は以下のとおりである。また，代表的な複合材料用繊維の力学的性質を**表 4.2** に示す。

表 4.2　代表的な複合材料用繊維の力学的性質

|  | E ガラス | 炭素 | アラミド |
|---|---|---|---|
| 密度〔Mg/m$^3$〕 | 2.56 | 1.95 | 1.45 |
| 弾性係数〔kN/mm$^2$〕 | 70 | 380 | 120 |
| 引張強度〔kN/mm$^2$〕 | 1.5〜2.5 | 2.0 | 2.7〜3.5 |
| 伸び〔％〕 | 1.8〜3.0 | 0.5 | 2.0〜2.7 |
| 線膨張係数〔×10$^{-6}$/℃〕 | 5.0 | −0.6〜−1.3 | −2.0 |

〔1〕　**ガラス繊維**　　E ガラス，Z（ジルコニア）ガラス，A ガラス，S ガラスの 4 種類がある。土木，建築分野では低アルカリ含有量の E ガラスがもっとも一般的である。Z ガラスはセメント系複合材料用に開発された耐アルカリガラス繊維である。

〔2〕　**炭素繊維**　　石炭から製造するピッチ系とポリアクリルニトリルから製造 PAN 系の 2 種類がある。

〔3〕　**アラミド繊維**　　アミド結合を介して結びついた線状高分子から成り，強度および弾性係数が高い繊維である。

### 4.6.2　FRP の力学的性質

FRP に作用する力は繊維とマトリックスの両者で受け持たれるため，FRP の力学的性質は，繊維とマトリックスの容積率，マトリックス中の繊維の配向状態，各構成材料の特性，製造法などの影響を受ける。ガラス繊維および炭素繊維補強プラスチックの代表的な力学的性質を**表 4.3** に示す。

表 4.3　ガラス繊維および炭素繊維補強プラスチックの代表的な力学的性質

|  | 繊維含有率〔％〕 | 密度〔Mg/m$^3$〕 | 弾性係数〔kN/mm$^2$〕 | 引張強度〔N/mm$^2$〕 |
|---|---|---|---|---|
| ガラス繊維-ポリエステル | 25〜45 | 1.4〜1.6 | 6〜11 | 60〜180 |
| 炭素繊維-エポキシ | 70 | 1.93 | 120 | 800 |

## 4.7 用　　　　途

### 4.7.1 接　着　剤

コンクリートブロック間または構造物の補強用接着剤として高分子材料が用いられる。例えば，PCブロック工法では接着剤としてエポキシ樹脂が用いられる。高分子材料接着剤を用いる際，被接着体が金属，ガラス，ゴムの場合にはその種類に応じた表面処理が必要である。コンクリートであれば表面処理は不要だが，多孔質であるため粘性係数の大きい樹脂が使用される。

### 4.7.2 表面保護工

コンクリート中への塩化物イオンの侵入防止，アルカリ骨材反応による膨張抑制，中性化防止を目的とするコーティング（塗膜層が0.3mm以下）またはライニング（塗膜層が約1mm以上）として高分子材料が用いられる。

コーティングおよびライニングに用いられる高分子材料は，樹脂・ゴム系およびポリマーセメントモルタルに大別される。施工は，プライマー（下地処理），中塗り（塗装および補強材の貼り付け），仕上げ（上塗り）という順に行われる。

### 4.7.3 樹脂コンクリート

セメントコンクリートにおける結合剤の一部またはすべてを高分子材料によって置き換えたコンクリートを樹脂コンクリートと呼び，以下の3種類がある。

〔1〕 **ポリマーセメントコンクリート（モルタル）（polymer-cement concrete, PCC）**　エマルジョン，粉末または液状の高分子材料またはモノマーをセメントモルタルやコンクリートと混合したものである。ポリマーセメント用ポリマーとしては，ポリマーラテックス，エマルジョン，水溶性ポリマー，液状樹脂などがあるが，このうちポリマーラテックスが最も一般的である。

PCCは，ポリマーの減水剤としての作用，鋼・コンクリート・石材の接着力の増大，引張り強度の増大，乾燥収縮の低減，透水性の低下，耐久性や鉄筋の耐腐食性の改善などを利点として有する。そのため，床材，コンクリートの補修，防水モルタル，鋼材のコーティングなどに用いられる。

〔2〕 **レジンコンクリート（resin concrete, REC）** 無機質セメントを用いることなく，結合材として樹脂のみを使用したコンクリートである。使用樹脂には熱硬化性樹脂，タール変性樹脂，アスファルト，変性アスファルト，ビニルモノマーがあるが，わが国で最も一般的に用いられるのはポリエステルとエポキシである。

1週間以内で硬化反応が終わるものが多く，一般に圧縮強度・曲げ強度ともに大きい。しかし，骨材の含水量が大きいと強度・耐久性が著しく低下する。また，樹脂の硬化過程で収縮し，透水性，吸水性は小さい。耐薬品性，耐衝撃性，耐摩耗性に優れるが，耐火性は劣る。

用途として，舗装（薄層コーティング，橋床の薄層軽量舗装，道路標識），プレキャスト製品（タイル，人造大理石），防食・防水のためのライニング・コーティング，コンクリートの補修，シーリング材，接着剤などがあげられる。

〔3〕 **ポリマー含浸コンクリート（polymer-impregnated concrete, PIC）** 硬化コンクリートまたはモルタル中にモノマー，プレポリマーなどを含浸させた後，樹脂を硬化させたコンクリートである。含浸用モノマーとして，粘性係数の小さいビニル系化合物（メタクリル酸メチルやスチレン）が用いられる。ポリマーを含浸させることにより，コンクリートの力学的および物理的性質が大きく向上する。一例として，ポリスチレンを放射線照射法で含浸させたコンクリートの性質を含浸前と比較したものを**表4.4**に示す。

プレキャスト製品（パイプ，パイル，カルバート，石こう製品など）と現場で既設コンクリートに含浸させたものの2種類に大別されるが，いずれの場合もポリマーの含浸は表面から数cm程度である。

プレキャスト製品の実例として，電力ケーブル用多孔管，外壁用テラゾーパ

表4.4 ポリマー含浸コンクリートの性質

| 性質 | 元のコンクリート | ポリマー含浸コンクリート |
|---|---|---|
| 圧縮強度 [$N/mm^2$] | 370 | 1 034 |
| 引張り強度 [$N/mm^2$] | 29.2 | 84.7 |
| 曲げ強度 [$N/mm^2$] | 52.0 | 167.9 |
| 弾性係数 [$kN/mm^2$] | 25 | 54 |
| 吸水率 [%] | 6.4 | 0.51 |
| 透水性 [mm/年] | 0.16 | ― |
| すりへり [mm] | 1.26 | 1.01 |
| 耐硫酸塩性（300日浸漬における膨張量 [%]） | 0.144 | 0.0 |

ネル，ロードヒーティングパネル，放射性廃棄物容器，橋梁床版，高速道路床版，パイプ，カルバートなどがある。現場におけるポリマー含浸工法は，コンクリート表面の強度，硬度，透過性，耐薬品性，耐摩耗性の向上を目的とした種々部材・部位への適用が可能である。

### 4.7.4 成 形 材

〔1〕**止 水 板** コンクリートの打継ぎ面に対し直角方向に挿入して止水効果を与えるもので，大部分が軟質塩化ビニル樹脂製である。JIS K 6773（塩化ビニル樹脂製止水板）には，図4.3に示すフラット形フラット（FF）・フラット形コルゲート（FC）・センターバルブ形フラット（CF）・センターバルブ形コルゲート（CC）・アンカット形コルゲート（UC）・特殊形（S）の6種類の形状が規定されている。

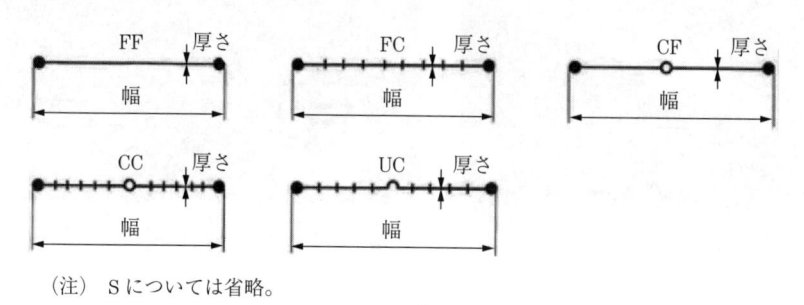

（注）Sについては省略。

図4.3 塩化ビニル樹脂製止水板

〔2〕**目地板**　コンクリート舗装の膨張目地に挿入されるもので、ポリ塩化ビニル、ポリスチレン、ポリウレタン製がある。

〔3〕**管　類**　軽量で流体抵抗が小さく、耐食性に優れる。硬質塩化ビニル管に関して、一般管、水道管、電線管のJIS規格が、ポリエチレン管に関して一般管、水道管のJIS規格がある。

〔4〕**板　類**　不飽和ポリエステル樹脂を用いたFRP、硬質塩化ビニル樹脂板、アクリロニトリル・ブタジエン・スチレン（ABS）樹脂板などがあり、コンクリート型枠などに利用されている。硬質塩化ビニル樹脂板、ABS樹脂板にはJIS規格が定められている。

〔5〕**橋梁支承**　近年の橋梁では、耐震性の向上を目的として、鋳鉄製の支承に代わり、ゴム支承が用いられることが多い。フッ素樹脂とクロロプレンゴムの複合体がすべり支承として、クロロプレンゴムと鋼板の積層成形品がせん断支承として用いられている。高減衰ゴムを使用した免震支承も利用されている。

〔6〕**歩道橋**　腐食しない材料特性による長寿命化・メンテナンスフリーの実現を意図して橋梁へのFRPの適用が検討され、わが国初の全FRP橋梁である沖縄県伊計平良川線ロードパーク歩道橋が2000年4月に完成した（図4.4）。本橋では、繊維にガラス繊維、樹脂にはビニルエステル樹脂を採用

図4.4　FRP歩道橋（沖縄県伊計平良川線ロードパーク歩道橋）　　図4.5　FRPトラス歩道橋（株式会社ヒビ提供）

し，表面にはゲルコートと呼ばれる被覆層を設けることで耐久性の向上を図っている．その後，いくつかのFRP製歩道橋が建設されている．**図4.5**にFRPトラス歩道橋の一例を示す．海外には200橋を超える採用事例がある．

〔7〕 **検査路・昇降設備**　おもに引抜成形法で生産されたFRPを構造部材に用いた検査路が製品化されており，塩害環境にある橋梁に用いられている．また，上下水道施設や化学プラントなど腐食の問題が生じやすい施設において，検査路と同様FRP引抜成形構造部材を用いた昇降設備（階段等）が採用されている．いずれもFRPの高強度，軽量，高耐食性という特性を利用してライフサイクルコストを低減しようというものである．**図4.6**に橋梁検査路と下水道用メンテナンス縦坑の昇降用設備の写真を示す．

（a）検査路 　　　　　　　　　（b）昇降設備

（AGCマテックス（株）HPより転載．）

**図4.6　FRP製検査路・昇降設備**

〔8〕 **水　　　門**　各種水門の扉体にFRPが用いられている．比較的小規模なスライドゲート，フラップゲート，スイングゲートなどに採用実績がある．軽量であるため，開閉装置の小型化や排水効率の向上が期待できる．昭和40年代から施工されており，国内で400件を超える実績がある．**図4.7**にFRP水門の例を示す．

(a) スライドゲート 　　　　　(b) フラップゲート

(株式会社ヒビ HP より転載。)

**図 4.7** FRP 水門

## 演習問題

〔1〕 高分子物質の定義と合成方法を述べよ。
〔2〕 熱可塑性樹脂と熱硬化性樹脂について説明せよ。
〔3〕 合成高分子材料の一般的性質を，鋼材およびコンクリートと比較しながら説明せよ。
〔4〕 繊維補強プラスチックについて説明せよ。
〔5〕 建設分野における高分子材料の代表的な用途を述べよ。

# 5章 瀝青材料

### ◆本章のテーマ

　代表的な瀝青(れきせい)材料はアスファルトとタールであるが，現在タールは建設材料として用いられることがほとんどないので，本章では，主として道路や空港などの舗装に広く用いられているアスファルト材料について述べる。

　アスファルト材料の製造法，種類および性質を理解した上で，道路舗装で最も一般的なアスファルト混合物の種類とその性質の違いを知り，配合設計を行うための基礎知識を身につけてほしい。

### ◆本章の構成（キーワード）

5.1　瀝青材料とは
　　　瀝青材料の定義と分類
5.2　アスファルトの製造法
　　　原油，常圧蒸留，減圧蒸留，ストレートアスファルト，ブローンアスファルト
5.3　改質アスファルト
　　　ブローイング，ゴム，熱可塑性エラストマー，熱可塑性樹脂，熱硬化性樹脂
5.4　カットバックアスファルトとアスファルト乳剤
　　　カットバックアスファルト，アスファルト乳剤
5.5　物理的性質と試験法
　　　アスファルテンとペトローレン，熱膨張係数，粘度，針入度，軟化点
5.6　アスファルト混合物
　　　フィラー，骨材の合成粒度と最大粒径，標準配合，マーシャル安定度試験，安定度，フロー値

### ◆本章を学ぶとマスターできる内容

☞　アスファルト材料の製造法
☞　アスファルト材料の物理的性質と試験方法
☞　アスファルト混合物の種類，配合，性質

## 5.1 瀝青材料とは

**瀝青**（bitumen）材料とは，天然または人工的に製造された黒色の半固体または液体状のものであり，おもに高分子の炭化水素である。その代表例として，アスファルト，タール，ピッチ，アスファルタイトなどが挙げられる。

アスファルトには，**図5.1**に示すように，石油が地殻まで上昇し，そこで油成分が蒸発することによって生成した天然アスファルトと石油を蒸留する過程で残渣として得られる石油アスファルトがある。天然アスファルトは紀元前3000年以上も前から，船の防水や建物の接着剤に用いられた記録がある。石油アスファルトは，製造法によりストレートアスファルト，ブローンアスファルト，溶剤脱瀝アスファルトの3種類に大別される。単にアスファルトという場合には，通常ストレートアスファルトのことを指す。わが国で使用されているアスファルトの大部分がストレートアスファルトであり，その約70％が道路舗装のために用いられているが，工業用や燃焼用にも利用されている。JIS K 2207では，ストレートアスファルトとブローンアスファルトが，後述する針入度によって**表5.1**のように分類されている。

```
                      ┌─ レイクアスファルト
          ┌─ 天然      ├─ ロックアスファルト
          │  アスファルト├─ オイルサンド
          │             │                  ┌─ ギルソナイト
          │             └─ アスファルタイト ─┼─ グラハマイト
アスファルト┤                                └─ グランスピッチ
          │             ┌─ ストレート      ┌─ ストレートアスファルト
          │             │  アスファルト  ──┴─ 溶剤脱瀝アスファルト
          └─ 石油       ┤
             アスファルト│                  ┌─ ブローンアスファルト
                        └─ ブローン       ─┼─ 触媒ブローンアスファルト
                           アスファルト     └─ セミブローンアスファルト
```

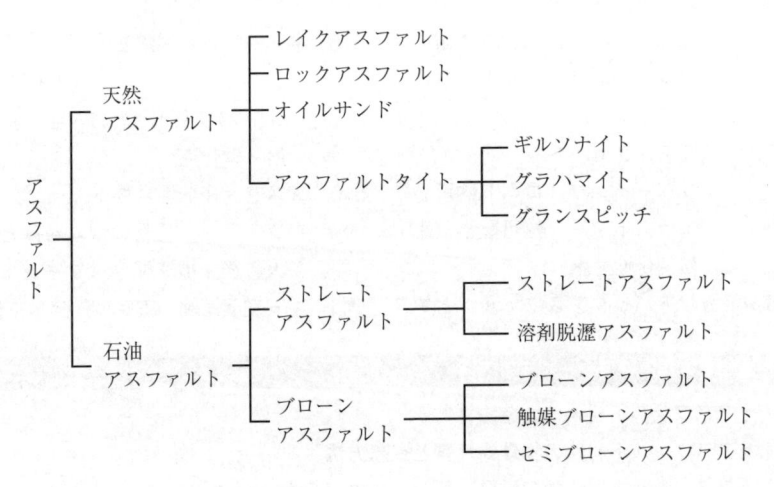

**図5.1** アスファルトの分類

表5.1 ストレートアスファルトおよびブローンアスファルトの種類

| 種類 | | 針入度（25℃） |
|---|---|---|
| ストレートアスファルト | 0〜10 | 0以上10以下 |
| | 10〜20 | 10超20以下 |
| | 20〜40 | 20超40以下 |
| | 40〜60 | 40超60以下 |
| | 60〜80 | 60超80以下 |
| | 80〜100 | 80超100以下 |
| | 100〜120 | 100超120以下 |
| | 120〜150 | 120超150以下 |
| | 150〜200 | 150超200以下 |
| | 200〜300 | 200超300以下 |
| ブローンアスファルト | 0〜5 | 0以上5以下 |
| | 5〜10 | 5超10以下 |
| | 10〜20 | 10超20以下 |
| | 20〜30 | 20超30以下 |
| | 30〜40 | 30超40以下 |

## 5.2　アスファルトの製造法

原油からストレートアスファルトを製造するプロセスの概要を**図**5.2に示す。

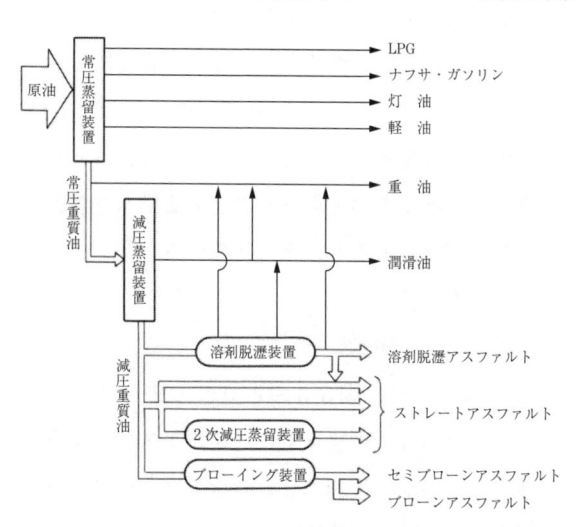

図5.2　ストレートアスファルトの製造プロセス

まず，常温または 350 ℃程度まで加熱した原油から，常圧蒸留装置によって沸点の低い順に液化天然ガス（LPG），ナフサ・ガソリン，灯油，軽油などの留分を留出させる。

つぎに，その残留物（常圧残油）をさらに加熱炉で 350 〜 420 ℃に加熱して減圧蒸留装置に送り，1 〜 10 kPa の圧力下で沸点を下げ，より沸点の高い重油や潤滑油留分を留出させる。ここでの残留物が減圧残油であり，アスファルト，重油基材として利用されるほか，溶剤脱瀝アスファルトの原料となる。

ストレートアスファルトを 200 〜 300 ℃に加熱して空気を吹き込むブローイングを施したものがブローンアスファルトであり，プロパンやブタンなどの低分子炭化水素を溶剤として，減圧残油から硫黄や金属分の少ない脱瀝油を取り出すときに沈殿分離された成分が溶剤脱瀝アスファルトである。

## 5.3 改質アスファルト

### 5.3.1 改質アスファルトとは

改質アスファルトとは，ストレートアスファルトにブローイングを施すか，何らかの高分子材料を添加して，性質を改良したものである。

昭和 63 年度版のアスファルト舗装要綱で一般材料として扱われるようになって以降，その出荷量は年々増加している。舗装の長寿命化へのニーズの高まりや高粘度改質アスファルトの使用を前提とする排水性舗装（後述）の利用増から，今後もその需要は高まるものと考えられる。

### 5.3.2 改質アスファルトの種類

改質アスファルトは，一般に図 5.3 のように大別される。このうち，ポリマー改質アスファルトは高分子材料を用いた改質アスファルトであり，添加する高分子材料の種類や添加量，添加剤などの組み合わせによって様々な種類がある。表 5.2 に代表的なポリマー改質アスファルトの種類と混合方法を示す。ストレートアスファルトに改質材である高分子材料を混合して販売されるもの

## 5.3 改質アスファルト

```
                        ┌─ ポリマー改質アスファルト ─┬─ プレミックスタイプ
                        │                            └─ プラントミックスタイプ
改質アスファルト ─┼─ セミブローンアスファルト
                        │
                        └─ 硬質アスファルト
```

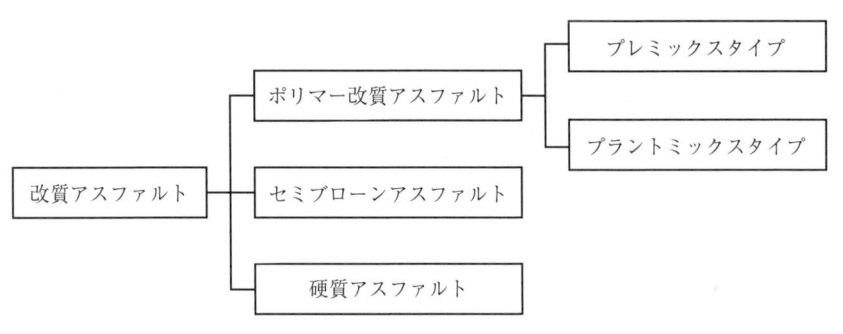

**図 5.3** 改質アスファルトの種類

**表 5.2** ポリマー改質アスファルトの種類と混合の仕方

| 名　称 | 混合の仕方 | |
|---|---|---|
| | プレミックス | プラントミックス |
| ゴム入りアスファルト | ○ | ○ |
| 熱可塑性エラストマー入りアスファルト | ○ | ○ |
| 熱可塑性樹脂入りアスファルト | ○ | ○ |
| 熱硬化性樹脂入りアスファルト | — | ○ |

がプレミックスタイプであり，現場で砕石とストレートアスファルトを混合する際に改質材を添加するものがプラントミックスタイプである。

以下に，代表的な改質アスファルトの概要を示す。

〔1〕 **セミブローンアスファルト**　舗装のわだち掘れ対策用に，ストレートアスファルトをブローイング改質して，60℃における絶対粘度（アスファルトを線形粘性体とみなしたときの応力とひずみ速度の比例係数）を $1\,000\pm200\,\mathrm{Pa\cdot s}$ まで高めたものである。通称 AC-100 と呼ばれている。

〔2〕 **ゴム入りアスファルト**　アスファルトにゴムを混入することで，わだち掘れや表層磨耗量の減少，すべり抵抗の増加等を図ったものである。

〔3〕 **熱可塑性エラストマー入りアスファルト**　熱可塑性エラストマーをアスファルトに混入したものである。混入される熱可塑性エラストマーとしては，スチレン・イソプレン・スチレンブロック共重合体（SIS），スチレン・ブタジエン・スチレンブロック共重合体（SBS）などが一般的である。粉末固形物で供給されることが多く，プレミックスタイプによく用いられる。

〔4〕 **熱可塑性樹脂入りアスファルト** 熱可塑性樹脂をアスファルトに混入したものである。用いられる代表的な熱可塑性樹脂は，エチレン・酢酸ビニル共重合体（EVA），エチレン・エチルアクリレート共重合体（EEA），ポリエチレン（PE），石油樹脂などである。一般にわだち掘れ対策用として使用される。アスファルト舗装要綱では，EVA および EEA を熱可塑性エラストマーに分類している。

〔5〕 **熱硬化性樹脂入りアスファルト** 熱硬化性樹脂をアスファルトに混入したものである。エポキシ系（EP）やポリウレタン系（PU）の熱硬化性樹脂がよく用いられ，鋼床版舗装，排水性舗装，通常舗装のわだち掘れ対策などに利用されている。

## 5.4 カットバックアスファルトとアスファルト乳剤

アスファルトは，常温では粘性がきわめて高い半固体の状態であるため，骨材と混合してアスファルト混合物を作製することはできない。したがって，骨材と混合する前に，何らかの方法でその粘度を低下させる必要がある。一方，アスファルト混合物が道路舗装体として荷重に抵抗するためには，固体状態を回復する必要がある。

アスファルトの粘度を低下させる方法として，① 加熱，② 揮発溶剤との混合，③ アスファルト微粒子を水中で分散の三つがあり，それぞれ温度の低下，溶剤の揮発，水の蒸発によって，固体状態を回復する。② の方法で得られるアスファルトを**カットバックアスファルト**（cutback asphalt），③ の方法で得られるアスファルトを**アスファルト乳剤**（asphalt emulsion）という。

### 5.4.1 カットバックアスファルト

カットバックアスファルトが溶剤の揮発によってしだいに元の硬い状態に回復していく過程を**養生**（curing）といい，そのために必要な時間を養生時間という。養生時間は溶剤の揮発の早さに依存する。カットバックアスファルト

は，養生時間の早さで，溶剤にガソリンやナフサを使用した RC（rapid curing），ケロシンと混合した MC（medium curing），および重油との混合物である SC（slow curing）の3種類に分類される。

### 5.4.2 アスファルト乳剤

アスファルト乳剤は，分散相としてのアスファルト微粒子（通常の粒径1〜5 μm）と連続相としての水よりなる懸濁液である。常温で水を加えるだけでコンシステンシーの調整が可能であるという特徴を持っている。アスファルト微粒子を水中で分散させるための乳化剤として，アスファルト粒子の表面が正（+）の電荷を持ち一般に酸性を呈するアニオン乳剤（石けんや合成洗剤などの界面活性剤），負（−）の電荷を持ち一般にアルカリ性を呈するカチオン乳

表5.3 石油アスファルト乳剤の種類

| 種類 | | | 記号 | 用途 |
|---|---|---|---|---|
| カチオン乳剤 | 浸透用 | 1号 | PK-1 | 温暖期浸透用および表面処理用 |
| | | 2号 | PK-2 | 寒冷期浸透用および表面処理用 |
| | | 3号 | PK-3 | プライムコート用およびセメント安定処理層養生用 |
| | | 4号 | PK-4 | タックコート用 |
| | 混合用 | 1号 | MK-1 | 粗粒度骨材混合用 |
| | | 2号 | MK-2 | 密粒度骨材混合用 |
| | | 3号 | MK-3 | 土混り骨材混合用 |
| アニオン乳剤 | 浸透用 | 1号 | PA-1 | 温暖期浸透用および表面処理用 |
| | | 2号 | PA-2 | 寒冷期浸透用および表面処理用 |
| | | 3号 | PA-3 | プライムコート用およびセメント安定処理層養生用 |
| | | 4号 | PA-4 | タックコート用 |
| | 混合用 | 1号 | MA-1 | 粗粒度骨材混合用 |
| | | 2号 | MA-2 | 密粒度骨材混合用 |
| | | 3号 | MA-3 | 土混り骨材混合用 |
| ノニオン乳剤 | 混合用 | 1号 | MN-1 | セメント・アスファルト乳剤安定処理混合用 |

（備考） P：浸透用乳剤（penetrating emulsion），M：混合用乳剤（mixing emulsion）
K：カチオン乳剤（kationic emulsion），A：アニオン乳剤（anionic emulsion）
N：ノニオン乳剤（nonionic emulsion）

剤（脂肪ジアミン酸，第4級アンモニウム塩など），正負いずれの電荷も持たず一般に弱酸性を呈するノニオン乳剤がある。JIS K 2208には，**表**5.3に示す石油アスファルト乳剤が示されている。おもな用途は，道路舗装，護岸防水，法面保護である。

## 5.5　物理的性質と試験法

アスファルトは**アスファルテン**（asphalten）とペトローレン（またはマルテン）から成り，コロイド粒子程度のアスファルテンは，それらのまわりにレジン分（高分子のマルテン）を吸着した状態で低分子のマルテン中に分散したコロイド溶液である。したがって，アスファルトの弾性的および塑性的性質はアスファルテンの溶媒としてのペトローレンの性質と含有量に影響される。

以下におもな物理的性質とその試験法を示す。

### 5.5.1　比　　重

アスファルトの比重は，アスファルテンの含有量に応じて $1.01 \sim 1.10$ 程度であり，真水よりやや大きい。アスファルテン含有量が高いほど，また針入度が低いほど比重は大きくなる。また，温度が高くなると体積膨張を生じるため，比重は小さくなる。

### 5.5.2　熱膨張係数，比熱，熱伝導度

アスファルトは加熱することによって粘度を調整して使用されるため，その熱的性質を把握することは重要である。熱的性質として，熱膨張係数，比熱，熱伝導度などがあるが，これらは加熱・冷却時における容積変化，製造・保存・輸送などに影響する。通常，アスファルトの熱膨張係数は $5.9 \sim 6.3 \times 10^{-4}/℃$，比熱は $1.7 \sim 2.5 \, \text{J/g·℃}$，熱伝導度は $0.50 \sim 0.63 \, \text{kJ/m·℃·h}$ である。

## 5.5.3 粘　　度

加熱されたアスファルトと骨材を混合する際の作業性を支配するのは，アスファルトの粘度である．アスファルトの粘度は，図 5.4 に示すように，温度変化に対して非常に敏感である．

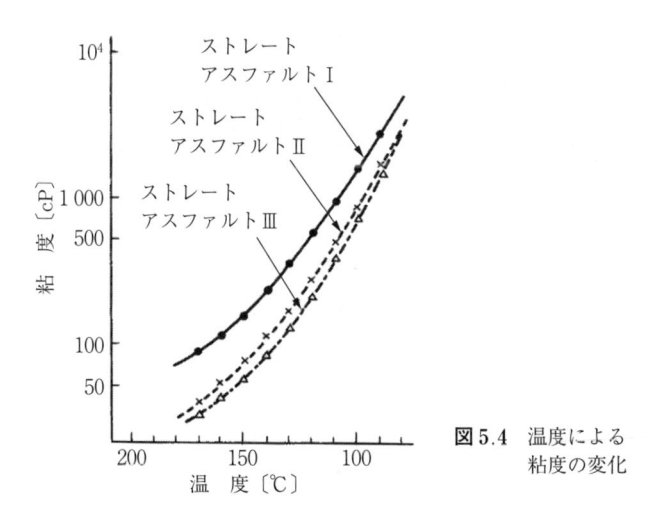

図 5.4　温度による粘度の変化

## 5.5.4 針　入　度

ほぼ常温におけるアスファルトの硬さを表すもので，一般にアスファルトを分類するときの基準として用いられている．JIS K 2207 では，図 5.5 に示すように，温度 25 ℃，荷重 100 gf，載荷時間 5 秒間として，標準針の貫入深さを 1/10 mm 単位で表した値を**針入度**（penetration）としている．

針入度が一定温度における粘性を表すが，その温度に対する敏感性（感温性）を示す指標として**針入度指数**（penetration index）$PI$ がある．$PI$ は次式で定義され，$PI$ が大きければ感温性が小さく，性状の変化が温度変化に対して鈍感であることを意味する．

$$PI = \frac{30}{1+50a} - 10 \tag{5.1}$$

ここに

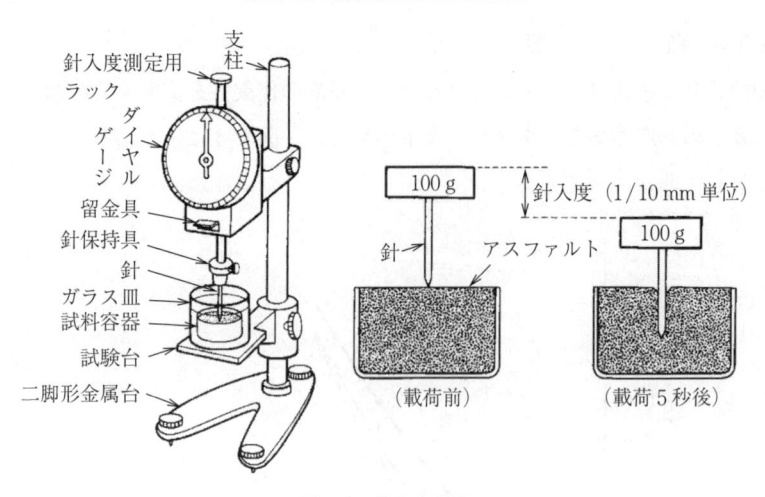

**図 5.5** 針入度試験

$$a = \frac{\log 800 - \log p}{\theta_s - 25}$$

である（**図 5.6** 参照）。

一般に，アスファルトは $PI$ の値によって，以下のように分類できるといわれている。

$$\left.\begin{array}{ll} PI \leq -2: & ピッチ型 \\ -2 < PI \leq +2: & ゾル型（普通型） \\ +2 < PI : & ゲル型（ブローン型） \end{array}\right\} \tag{5.2}$$

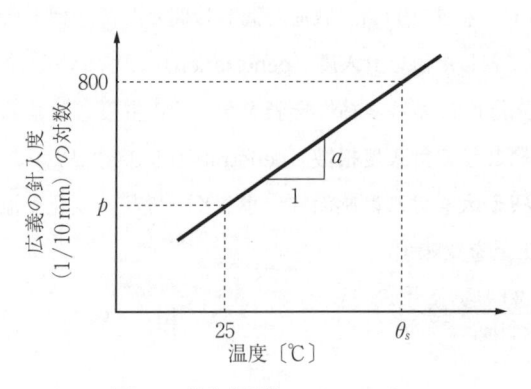

**図 5.6** 針入度指数のパラメータ $a$

## 5.5.5 軟　化　点

アスファルトは種々の炭化水素の混合物であるため，明確な融点を示すことなく徐々に軟化する。一定の粘性を示すときの温度を**軟化点**（softening point）と呼んでいる。

JIS K 2207 には以下に手順を示す環球法が示されている（**図5.7**参照）。まず，アスファルトを規定のリング状型枠に充填し，水またはグリセリン中に水平にセットする。つぎに，リング中央に直径 9.525 mm，質量 3.5 g の鋼球を置いて，浴温を毎分 5 ℃で上昇させる。球を包み込んで落下する試料が 25 mm 下の環台の底板に触れた時の温度が軟化点である。

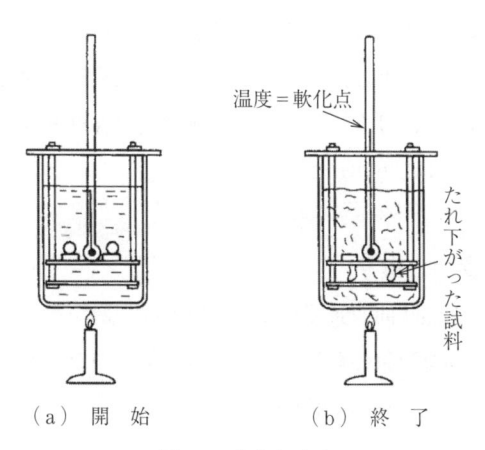

**図 5.7** 軟化点試験

## 5.5.6 伸　　度

常温におけるアスファルトの延性を示す指標である。JIS K 2207 では，温度 15 ℃と 25 ℃において，**図 5.8** に示す型枠に入れた供試体の両端を 5 cm/min の速度で引っ張ったときに供試体が破断するまでに伸びた値を cm 単位で表したものを**伸度**（ductility）と規定している。

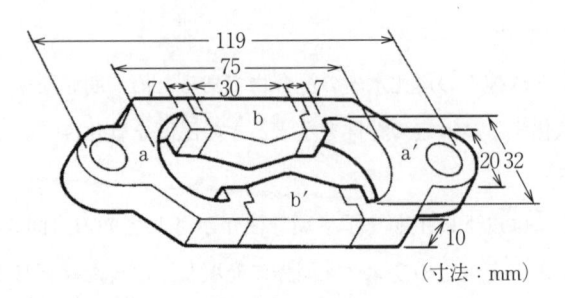

図5.8　伸度試験用型枠

### 5.5.7 引火点，燃焼点

アスファルトは所要の粘度を得るために加熱されるため，引火点や燃焼点をあらかじめ知っておくことは，引火および燃焼の危険性を回避するために重要である。JIS K 2265-4 にはクリーブランド解放式引火点試験器を用いて引火点および燃焼点を測定する方法が規定されている。

### 5.5.8 蒸発量

アスファルトの加熱時間が長くなると，成分の一部が蒸発して硬化する可能性がある。このような現象の発生は作業性の低下につながるため，加熱作業中に揮発する物質の含有量を知る必要がある。

## 5.6　アスファルト混合物

### 5.6.1 概要

アスファルトと**骨材**（aggregate）を混合したものを**アスファルト混合物**（asphalt mixture）といい，道路・空港の舗装や水利構造物用の材料として用いられる。アスファルト混合物は，アスファルト合材，あるいは単に合材と呼ばれることもある。

骨材には，砕石，玉砕，砂利，鉄鋼スラグ，砂，再生骨材などが用いられる。骨材のうち，粒径が 2.36 mm 以上のものを粗骨材，2.36 mm 〜 75 μm の

ものを細骨材という。アスファルトと一体となって骨材の隙間を充填し，混合物の安定性を向上させる目的で粒径が細骨材よりさらに小さい75 μm以下の鉱物質粉末を混合することがあるが，これをフィラーという。フィラーとしては，石粉（石灰岩または火成岩類の粉末），消石灰，セメント，回収ダスト，フライアッシュなどが用いられる。

アスファルト混合物の安定性とは，強度および荷重下における変形に対する抵抗性のことであり，骨材粒子間の噛合わせ状態やアスファルトの粘着性が影響する。わが国では，マーシャル安定試験（ASTM D 1559-60 T）で評価されている。

### 5.6.2 アスファルト混合物の種類

アスファルト混合物には，その用途に応じてさまざまな種類がある。ここでは，代表例として，アスファルト舗装要綱（日本道路協会）に示されている表層および基層用のアスファルト混合物を紹介する。

アスファルト舗装要綱では，骨材の合成粒度がどのように分布しているかによって，**表5.4**に示す9種類のアスファルト混合物が規定されている。表中のカッコ内に示されているのは最大粒径を表している。また，2.36 mmふるいと600 μmのふるいの通過重量百分率の差が10ポイント未満のものをギャップタイプとして区別している。さらに，積雪寒冷地域用の混合物は石粉を多く使用しているため，一般地域用の混合物と区別するためにフィラー（filler）の

**表5.4** アスファルト混合物の種類

| | | 一般地域 | 積雪寒冷地域 |
|---|---|---|---|
| 基層 | | ① 粗粒度（20） | |
| 表層 | | ② 密粒度（20, 13）<br>③ 細粒度（13）<br>④ 密粒度ギャップ（13） | ⑤ 密粒度（20 F, 13 F）<br>⑥ 細粒度ギャップ（13 F）<br>⑦ 細粒度（13 F）<br>⑧ 密粒度ギャップ（13 F） |
| 磨耗層 | 耐摩耗用 | | ⑥ 細粒度ギャップ（13 F）<br>⑦ 細粒度（13 F） |
| | すべり止め用 | ⑨ 開粒度（13） | |

Fを付けている。

〔1〕 **粗粒度アスファルト混合物** 細骨材料が少なく，骨材の最大粒度は20 mmで2.36 mmふるいの通過量は20～35 %である。一般にアスファルト舗装の基層に用いるが，改質アスファルトを使用した細粒度アスファルト混合物を表層に用いることもある。

〔2〕 **密粒度アスファルト混合物** 骨材の合成粒度における2.36 mmふるい通過量は35～50 %，アスファルト量は5.0～7.0 %であり，最大粒径が20 mmのものと13 mmのものがある。最大粒径から75 μmまでスムーズな粒度分布を示し，耐流動性，すべり抵抗性がバランスしている。おもに舗装の表層に用いられる。

〔3〕 **細粒度アスファルト混合物** 細骨材量が多く，骨材の合成粒度における2.36 mmふるい通過量が50～65 %，アスファルト量が6.0～8.0 %である。耐水性，耐ひび割れ性に優れる。

〔4〕 **密粒度ギャップアスファルト混合物** 骨材の合成粒度における2.36 mmふるい通過量が30～45 %，600 μmふるい通過量が20～40 %であるギャップタイプのアスファルト混合物である。密粒度アスファルト混合物に比べ，すべり抵抗性に優れている。

〔5〕 **密粒度アスファルト混合物（F付き）** 骨材の合成粒度における2.36 mmふるい通過量が40～60 %，アスファルト量が6.0～8.0 %で，フィラー分が多いアスファルト混合物である。密粒度アスファルト混合物に比べ，耐磨耗性に優れている。

〔6〕 **細粒度ギャップアスファルト混合物（F付き）** 骨材の合成粒度における2.36 mmふるい通過量が45～65 %，600 μmふるい通過量が40～60 %のギャップタイプで，フィラー分が多いアスファルト混合物である。密粒度アスファルト混合物に比べ，耐磨耗性，耐水性，耐ひび割れ性に優れている。

〔7〕 **細粒度アスファルト混合物（F付き）** 骨材の合成粒度における2.36 mmふるい通過量が65～80 %，アスファルト量が7.5～9.5 %で，フィラー分が多いアスファルト混合物である。密粒度アスファルト混合物に比べ，

耐磨耗性，耐水性，耐ひび割れ性に優れている。

〔8〕 **密粒度ギャップアスファルト混合物（F付き）**　骨材の合成粒度における2.36 mm ふるい通過量が 30 ～ 45 %，600 μm ふるい通過量が 25 ～ 45 % のギャップタイプで，フィラー分が多いアスファルト混合物である。密粒度アスファルト混合物に比べ，すべり抵抗性，耐磨耗性に優れている。

〔9〕 **開粒度アスファルト混合物**　骨材の合成粒度における 2.36 mm ふるい通過量が 15 ～ 30 %，アスファルト量が 3.5 ～ 5.5 % であり，きめが粗く，密粒度アスファルト混合物に比べ，すべり抵抗性に優れる。しかし，空隙率が非常に高いため，耐水性，耐ひび割れ性に欠ける。

開粒度アスファルト混合物よりさらに空隙率を高め，20 ～ 30 % とした透水性の高いアスファルト混合物を表層に，粗粒度アスファルト混合物を基層に用いた舗装が近年広く用いられるようになっており，これを排水性舗装という。降雨時にも路面の滞水が発生しにくいため，雨天時の水はねやハイドロプレーニング現象の防止，雨天時の視認性の向上などの効果がある。また，自動車の走行騒音を軽減する効果も報告されている。

表層用アスファルト混合物の一般的な特性と使用箇所を**表5.5**に示す。

**表5.5** 表層用アスファルト混合物の特性と使用箇所

| 使用層 | アスファルト混合物種類 | 特性 | | | | 使用箇所 | | |
|---|---|---|---|---|---|---|---|---|
| | | 耐流動性 | 耐摩耗性 | すべり抵抗性 | 耐水性 | 一般地域 | 積雪寒冷地域 | 急勾配坂路 |
| 表層 | ②密度性アスファルト混合物 (20, 13) | | | | | ※ | | ※ |
| | ③細粒度アスファルト混合物 (13) | △ | | | ○ | ※ | | |
| | ④密粒度ギャップアスファルト混合物 (13) | | | ○ | | ※ | | ※ |
| | ⑤密粒度アスファルト混合物 (20 F, 13 F) | △ | ○ | | | | ※ | |
| | ⑥細粒度ギャップアスファルト混合物 (13 F) | △ | ○ | ○ | | | ※ | |
| | ⑦細粒度アスファルト混合物 (13 F) | △ | ○ | | ○ | | ※ | |
| | ⑧密粒度ギャップアスファルト混合物 (13 F) | △ | ○ | | | | ※ | ※ |

### 5.6.3 配合設計

アスファルト舗装要綱では，まず**表 5.6** に示されている各アスファルト混合物の粒度範囲内から合成粒度を決め，つぎにマーシャル安定度試験によって，**表 5.7** に示す諸量がそれぞれの基準値を満足するアスファルト量の共通範囲を求め，その中央値を最適アスファルト量としている。

表 5.6 に規定されているアスファルト量は，アスファルトの質量がアスファルト混合物の質量に占める割合を百分率表示したものであり，表 5.7 に規定されている空隙率 $V_v$ と飽和度 $V_{fa}$ はそれぞれ次式で求められる。

$$V_v = \left(1 - \frac{D_m}{D_t}\right) \times 100 \quad [\%] \tag{5.3}$$

$$V_{fa} = \frac{V_a}{V_a + V_v} \times 100 \quad [\%] \tag{5.4}$$

ここに，$D_m$ は密度〔g/cm³〕，$D_t$ は理論最大密度〔g/cm³〕，$V_a$ はアスファルト容積百分率〔%〕である。また，理論最大密度は締固めたアスファルト混合物の中にまったく空隙がないと仮定したときの密度であり，次式で求められる。

$$D_t = \frac{100}{\dfrac{W_a}{D_a} + \dfrac{1}{\gamma_w}\sum_{i=1}^{n}\dfrac{W_i}{G_i}} \tag{5.5}$$

ここに，$W_a$〔%〕はアスファルトの質量配合率，$D_a$ はアスファルトの密度，$\gamma_w$ は常温における水の密度，$W_i$〔%〕は各骨材の質量配合率，$G_i$ は各骨材の比重，$n$ は用いる骨材の数である。なお，$W_a$ と $W_i$ は

$$W_a + \sum_{i=1}^{n} W_i = 100 \tag{5.6}$$

を満足する。

安定度とフロー値は，マーシャル安定度試験において，直径 101.6 mm，厚さ 63.5 mm の円柱状の供試体を，60 ℃ で側方から包み込むように圧縮試験を行った場合の最大強度とその時点までの変形量である。

### 5.6.4 性　　質

アスファルト混合物は，アスファルトと骨材の混合物であり，両者の性質を

## 5.6 アスファルト混合物

**表 5.6 アスファルト混合物の種類と粒度範囲**

| 混合物の種類 | ① 粗粒度アスファルト混合物 (20) | ② 密粒度アスファルト混合物 (20) | ② 密粒度アスファルト混合物 (13) | ③ 細粒度アスファルト混合物 (13) | ④ 密粒度ギャップアスファルト混合物 (13) | ⑤ 密粒度アスファルト混合物 (20F) | ⑤ 密粒度アスファルト混合物 (13F) | ⑥ 細粒度ギャップアスファルト混合物 (13F) | ⑦ 細粒度アスファルト混合物 (13F) | ⑧ 密粒度ギャップアスファルト混合物 (13F) | ⑨ 開粒度アスファルト混合物 (13) |
|---|---|---|---|---|---|---|---|---|---|---|---|
| 仕上り厚 [cm] | 4~6 | 4~6 | 3~5 | 3~5 | 3~5 | 4~6 | 3~6 | 3~5 | 3~4 | 3~5 | 3~4 |
| 最大粒径 [mm] | 20 | 20 | 13 | 13 | 13 | 20 | 13 | 13 | 13 | 13 | 13 |
| 通過質量百分率(%) 26.5 mm | 100 | 100 | | | | 100 | | | | | |
| 19 mm | 95~100 | 95~100 | 100 | 100 | 100 | 95~100 | 100 | 100 | 100 | 100 | 100 |
| 13.2 mm | 70~90 | 75~90 | 95~100 | 95~100 | 95~100 | 75~95 | 95~100 | 95~100 | 95~100 | 95~100 | 95~100 |
| 4.75 mm | 35~55 | 45~65 | 55~70 | 65~80 | 35~55 | 52~72 | 55~70 | 60~80 | 75~90 | 45~65 | 23~45 |
| 2.36 mm | 20~35 | 35~50 | 35~50 | 50~65 | 30~45 | 40~60 | 35~50 | 45~65 | 65~80 | 30~45 | 15~30 |
| 600 µm | 11~23 | 18~30 | 18~30 | 25~40 | 20~40 | 25~45 | 18~30 | 40~60 | 40~65 | 25~40 | 8~20 |
| 300 µm | 5~16 | 10~21 | 10~21 | 12~27 | 15~30 | 16~33 | 10~21 | 20~45 | 15~30 | 20~40 | 4~15 |
| 150 µm | 4~12 | 6~16 | 6~16 | 8~20 | 5~15 | 8~21 | 6~16 | 10~25 | 8~15 | 10~25 | 4~10 |
| 75 µm | 2~7 | 4~8 | 4~8 | 4~10 | 4~10 | 6~11 | 4~8 | 8~13 | 8~15 | 8~12 | 2~7 |
| アスファルト量 [%] | 4.5~6 | 5~7 | | 6~8 | 4.5~6.5 | 6~8 | | 6~8 | 7.5~9.5 | 5.5~7.5 | 3.5~5.5 |

アスファルト
針入度:  40~60
　　　　 60~80
　　　　 80~100
　　　　100~120

（日本道路教会：アスファルト舗装要綱より）

154  5. 瀝青材料

表5.7 アスファルト混合物のマーシャル安定度試験に対する基準値

| 混合物の種類 | | ① 粗粒度アスファルト混合物 (20) | ② 密粒度アスファルト混合物 (20) | ③ 細粒度ギャップアスファルト混合物 (13) | ④ 密粒度ギャップアスファルト混合物 (13) | ⑤ 密粒度アスファルト混合物 (20F) (13F) | ⑥ 細粒度ギャップアスファルト混合物 (13F) | ⑦ 細粒度アスファルト混合物 (13F) | ⑧ 密粒度ギャップアスファルト混合物 (13F) | ⑨ 開粒度アスファルト混合物 (13) |
|---|---|---|---|---|---|---|---|---|---|---|
| 突固め回数 | C交通以上 | 75 | 75 | | | | | | | 75 |
| | B交通以下 | 50 | 50 | | | 50 | | | | 50 |
| 空隙率 [%] | | 3～7 | 3～6 | 3～7 | 3～7 | 3～5 | 3～5 | 2～5 | 3～5 | — |
| 飽和度 [%] | | 65～85 | 70～85 | 65～85 | 65～85 | 75～85 | 75～85 | 75～90 | 75～85 | — |
| 安定度 [kgf(kN)] | | 500(4.90)以上 | 500(4.90)[750(7.35)]以上 | | | 500(4.90)以上 | | 350(3.43)以上 | 500(4.90)以上 | 350(3.43)以上 |
| フロー値 [1/100 cm] | | 20～40 | | | | | | 20～80 | | 20～40 |

（注1）「C交通以上」「B交通以下」とは1日当り1方向当りの大型車交通量が「1 000台以上」「1 000台未満」と同義である。
（注2）積雪寒冷地域の場合や、C交通であっても流動によるわだち掘れのおそれが少ないところでは突固め回数を50回とする。
（注3）[ ]内はC交通以上で突固めやすいと思われる混合物または舗設されるような箇所に舗設される混合物の基準値を示す。
（注4）水の影響を受けやすいと思われる混合物または舗設されるような箇所に舗設される混合物は、次式で求めた残留安定度が75％以上であることが望ましい。

残留安定度 [％] ＝ (60℃、48時間水浸後の安定度 [kgf] / 安定度 [kgf]) × 100

（日本道路協会：アスファルト舗装要綱より）

併せ持つ。その性質に影響を及ぼす要因としては，アスファルトの物性や量，骨材の形状・粒度分布・岩腫，アスファルトと骨材の接着性，締固めの程度などがあげられる。

舗装用のアスファルト混合物は，交通荷重による流動・変形に対する抵抗性である安定性，路床や路盤の変形に追従してひび割れを生じさせないように抵抗する性質であるたわみ性，すべり抵抗性，耐久性，施工性などを備えている必要がある。一般的に，アスファルト量が多いと安定性が損なわれるがたわみ性は増す。滑り抵抗性も低下する傾向がある。滑り抵抗性には，骨材表面のきめ，表面の摩耗の程度や湿潤状態も影響を及ぼす。骨材粒度を密にし，アスファルト量を多めにしてしっかり締め固めると耐久性が向上する。滑らかな粒度を持つ混合物を作ると施工性が向上する。

代表的なアスファルト混合物の性質を比較して**表**5.8に示す。

**表**5.8　代表的なアスファルト混合物の性質比較

| 種類＼性状 | 安定性 | たわみ性 | すべり抵抗性 | 耐久性 | 施工性 |
|---|---|---|---|---|---|
| 粗粒度アスファルト混合物 | 優れている | 小さい | 大きい | やや優れている | 施工しやすい |
| 密粒度アスファルト混合物 | 優れている | やや大きい | やや大きい | 優れている | 施工しやすい |
| 細粒度アスファルト混合物 | やや優れている | やや大きい | やや大きい | 優れている | 施工しやすい |
| 開粒度アスファルト混合物 | やや劣る | 小さい | 大きい | 劣る | やや施工しにくい |

## 演 習 問 題

〔1〕　アスファルト材料の種類と製造方法を説明せよ。
〔2〕　代表的な改質アスファルトを二つ挙げ，それぞれについて簡潔に説明せよ。
〔3〕　カットバックアスファルトとアスファルト乳剤について説明せよ。
〔4〕　アスファルト材料の試験方法について説明せよ。
〔5〕　道路舗装用アスファルト混合物の種類と用途について説明せよ。

# 6章 木材

## ◆本章のテーマ

　木材は過去には橋梁等にも用いられる主要な建設材料であった。現在においても住宅には多く用いられているが，過去の一時期，橋梁等の社会基盤構造物においては，コンクリートや鋼材にとって代わられ，用いられることがあまりなかった。しかし，近年の工業材料となりうる木質材料の普及や化学的防腐処理法の進歩により，再び歩道橋等に用いられることが増えつつある。

　本章では，素材としての木材と製材の種類や規格，強度や耐久性などの性質，構造材料として用いる場合の許容応力度とそれを求めるための各種係数等について述べる。また，近年構造材料として用いられている集成材についても概説する。

## ◆本章の構成（キーワード）

6.1 木材の種類と組織
　　針葉樹・広葉樹，硬材・軟材，巨視的・微視的組織
6.2 製材と規格
　　まさ目・板目・木口，丸太・そま角，板類・ひき割り・ひき角
6.3 欠陥
　　目まわり，心材星割れ，辺材星割れ，電状もめ，節，こぶ，やにつぼ
6.4 性質
　　比重，含水率，繊維飽和点，異方性，クリープ限度，腐朽
6.5 材料強度と許容応力度
　　劣化影響係数，寸法効果係数，含水率影響係数，荷重継続時間影響係数，システム係数
6.6 集成材
　　ラミナ，強度等級
6.7 単板積層材
　　合板，単板積層材

## ◆本章を学ぶとマスターできる内容

- 素材の規格と欠陥，製材の規格
- 機械的性質に対する含水率の影響と異方性
- 木材の劣化要因とその対策
- 木材の許容応力度と調整係数
- 集成材の種類と特徴

## 6.1 木材の種類と組織

### 6.1.1 種類

木材は**針葉樹**（needle-leaved tree）と**広葉樹**（broad-leaved tree）の二つに大別される。針葉樹にはアカマツ，クロマツ，エゾマツ，スギ，モミなどがあり，土木工事用（橋桁，橋脚，基礎杭，支保工，枕木，電柱）に用いられることが多い。広葉樹にはミズナラ，ブナ，ケヤキ，カバ，ラワンなどがあり，構造用部材よりも家具などに利用されている。また，その硬さにより，**硬材**（hard woods）と**軟材**（soft woods）に分類されることもある。

### 6.1.2 組織

〔1〕 **巨視的組織** 図 6.1 に木材の断面図を模式的に示す。外面は樹皮で覆われており，そのすぐ内側に形成層がある。ここで新しい細胞が成長する。さらに内側の部分は**辺材**（sap wood）または白太と呼ばれ，水や養分が通り生命活動が行われている。中心（樹心）に近い部分は**心材**（heart wood）または赤身と呼ばれ，細胞がすでに死んでいる部分である。すなわち，辺材の細胞が死滅して心材となる。辺材は淡色なのに対して心材は色が濃く，例えばスギなどでは赤色を帯びているため，明確に区別できる。心材部分では樹液も少なく，横断面に直角方向の引張強度は高い。形成層で成長する細胞は，春には大きいが夏に入ると徐々に小さくなる。このような変化が年輪を形成する。前者

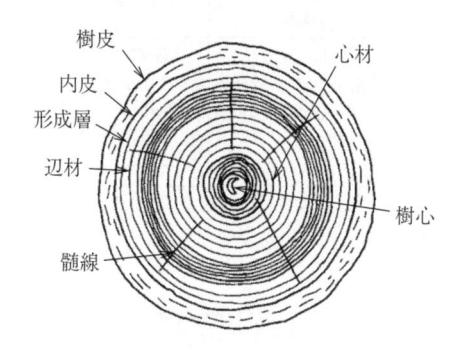

**図 6.1** 樹木の巨視的構造

を**春材**(spring wood),後者を**秋材**(summer wood, fall wood)という。また,放射線状に成長する細胞もあり,髄線と呼ばれている。

〔2〕 **微視的組織** 樹木の実質部分の約 95 %は,**図 6.2** に示すように,一次壁と二次壁からなる細長い細胞で構成されている。二次壁は内層,中間層,外層の 3 層構造となっている。

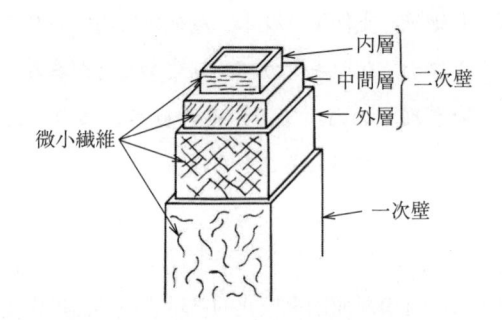

**図 6.2** 樹木の細胞の構造

それぞれの壁を構成するおもな繊維はセルロースの高分子鎖であり,その他の細胞壁の主要構成要素は,ヘミセルロースと無定型の高分子接着剤であるリグニンである。リグニンは繊維どうしおよび細胞間を結合する役割を果たしている。また,細胞中の空孔や細胞壁には水が含まれている。それ以外に,細胞は油成分やシリカなどの鉱物成分を含んでいる。木材の化学組成を**表 6.1** に示す。

**表 6.1** 木材の化学組成

|  | 含有率〔%〕 | 構成高分子の状態 | 存在形態 |
|---|---|---|---|
| セルロース | 40～50 | 結晶性巨大分子 | 繊維状 |
| ヘミセルロース | 20～25 | 半結晶性の小分子 | マトリックス |
| リグニン | 25～30 | 大きな三次元高分子 | マトリックス |
| 抽出成分 | 0～10 | ターペンポリフェノールなど |  |

## 6.2 製材と規格

### 6.2.1 製材（木取り）

製材とは原木から所定の大きさの板や柱を切り取る作業のことであり，木取りともいう。樹木の軸に平行で，年輪に直角に切断した木材は**まさ目**（rift-cut, radial-cut）と呼ばれる。一方，樹木の軸に平行で，年輪の接線方向に切断した木材を**板目**（slash-cut）と呼ぶ。木取りにおけるまさ目と板目を**図 6.3**に示す。樹木の軸に垂直に切断して得られる木材は**木口**（cross-cut）と呼ばれる。このような板を切り取るときの平面の角度は，木材の性質に影響を及ぼす。

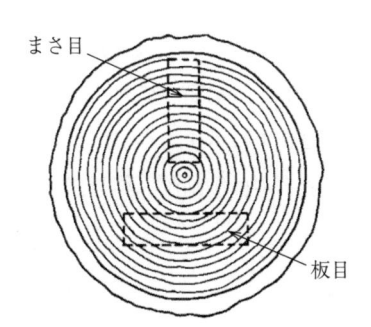

**図 6.3** 木取りにおけるまさ目と板目

### 6.2.2 規　　格

木材に関する規格として，日本農林規格（JAS）がある。日本農林規格は，1950 年に公布された「農林物資の規格化及び品質表示の適正化に関する法律」（通称 JAS 法）に基づく，農・林・水・畜産物およびその加工品の品質保証の規格である。JAS において，素材は**丸太**（round timber）と**そま角**（hewn lumber）に分類され，さらに径または幅で小径（幅 14 cm 未満），中径（幅 14〜30 cm），大径（幅 30 cm 以上）に区分されている。また，欠陥の状況に応じて 1 等〜4 等を規定している。製材については形状・寸法により，**表 6.2** に示すように 4 種類の板類，2 種類の**ひき割り**（scantling）・**ひき角**（sawn square wood）に区分されている。

表 6.2 製材の規格

| 区分 | 寸法 | 細分 | 寸法・形状 |
|---|---|---|---|
| 板類 | 厚さ：7.5 cm 未満<br>幅：厚さの 4 倍以上 | 板<br>小幅板<br>斜面板<br>厚板 | 厚さ 3 cm 未満，幅 12 cm 以上<br>厚さ 3 cm 未満，幅 12 cm 未満<br>幅 6 cm 以上，断面が台形<br>厚さ 3 cm 以上 |
| ひき割 | 厚さ：7.5 cm 未満<br>幅：厚さの 4 倍未満 | 正割<br>平割 | 断面が正方形<br>断面が長方形 |
| ひき角 | 厚さおよび幅が<br>7.5 cm 以上 | 正角<br>平角 | 断面が正方形<br>断面が長方形 |

## 6.3 欠　　　陥

　木材の欠陥には，樹木自体の内部に生じるものと製材後の容積変化で生じるものがある。その種類としては，割れ，生節，死節，抜節，腐節などの節，こぶ，やにつぼなどがある。割れには，図 6.4 に示すように，年輪に沿って発生する目まわり，樹心から放射状に発生する心材星割れ，周辺部分に年輪を横断するように発生する辺材星割れなどがある。

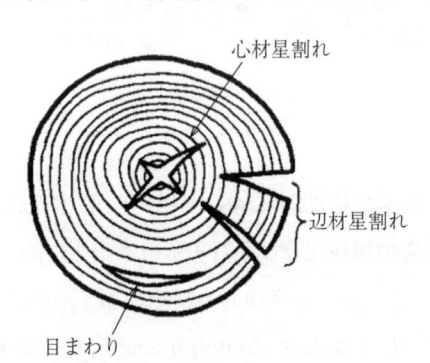

図 6.4　木材の割れ

## 6.4 性　　　質

### 6.4.1 物理的性質

〔1〕比　　　重　　炉乾燥質量の容積に対する比として定義される。木材

構成物質と水分または抽出成分の含有量が影響し，含水率とともに変化する。

〔2〕 **含　水　率**　　木材中の水分は，細胞の外側に存在する自由水と細胞壁の中に取り込まれている結合水に分類される。前者が失われると密度が低下し，後者が失われると収縮する。

木材の含水率 $u$ は次式で定義される。

$$u = \frac{W_u - W_o}{W_o} \times 100 \quad [\%] \tag{6.1}$$

ここで，$W_o$ は全乾時（100～105℃で試験片を乾燥して質量が変わらなくなった状態）の質量，$W_u$ は水分を含んだ状態での質量である。

全自由水が失われ，全結合水が存在している状態の含水率を**繊維飽和点**（fiber saturation point）といい，普通の木材では約 27 ％である。木材をある一定の温湿度下に放置しておくと，やがて水分の出入りは平衡状態になり，含水率は一定となる。このときの含水率を平衡含水率という。

〔3〕 **収　　縮**　　〔2〕で述べたように，細胞壁中の結合水が失われると細胞は収縮する。木材の収縮は，このような細胞の収縮が累積したものである。収縮の大きさは方向で異なり，縦方向より細胞壁を横断する方向に大きい。また，板目方向，まさ目方向，繊維方向の順で小さくなる。木材を乾燥すると，このような収縮率の異方性によって，曲がり，ひび割れが発生する。

## 6.4.2　力学的性質

樹木の種類によらず，木材を構成する細胞の縦方向の引張強度は約 690 N/$mm^2$ である。一方，木材自体の性質は含水率，年輪の分布状態，欠陥の有無などにより変化するが，最も大きな影響を及ぼすのは含水率である。また，同一木材であっても，載荷方向，試験片の形状・寸法によってその性質が変化する。

〔1〕 **含水率の圧縮強度に及ぼす影響**　　木材を乾燥すると，まず，細胞の外側にある自由水が失われていくが，この間，繊維飽和点まで圧縮強度にほとんど変化はない。繊維飽和点よりも含水率が低くなると，細胞中の結合水が失

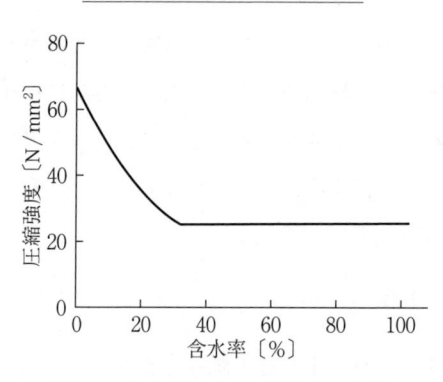

**図 6.5** 含水率による圧縮強度の変化

われて収縮が発生するため，見かけの強度が上昇する。含水率による圧縮強度の変化の例を**図 6.5**に示す。

〔2〕 **強度の異方性**　木目に対して平行方向と垂直方向では，木材の強度が大きく異なる。樹木はその縦方向に細長い細胞で構成されているため，繊維軸に平行な方向には高い強度を有するが，垂直方向の強度は低い。**図 6.6**に木材の強度と載荷方向との関係を示す。載荷方向が繊維軸となす角度が大きくなると，急激に強度が低下している。また，圧縮強度より引張強度のほうが角度の変化に対して敏感であり，曲げ強度はその中間に位置する。いずれの強度も，角度が 60°程度になると，繊維軸方向の 15〜20 %に低下する。

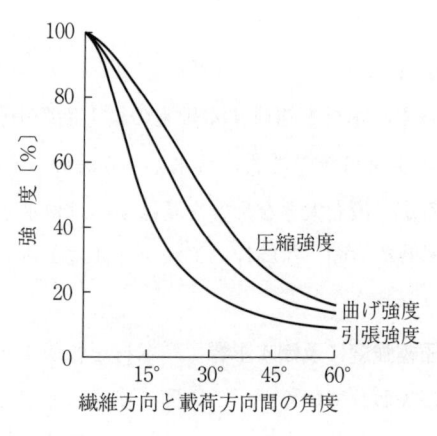

**図 6.6**　木材の強度と載荷方向との関係

## 6.4 性質

〔3〕 **応力-ひずみ曲線と弾性係数**　図 6.7 には，引張，圧縮それぞれに対する木目方向の応力-ひずみ関係の例を模式的に示す。応力とひずみが概ね比例関係となる比例限度は，引張に対しては引張強度の 60 % 程度であるのに対し，圧縮に対しては圧縮強度の 30〜50 % 程度である。比例限度以下の応力-ひずみ関係から求められる弾性係数は樹木の種類によって異なる。代表的な樹木の圧縮強度，弾性係数を含水率 12 % における密度とともに，**表 6.3** に示す。

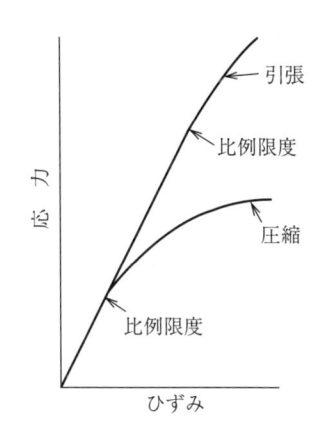

**図 6.7**　木材の応力-ひずみ関係

表 6.3　代表的な樹木の諸性質

| 樹木 | 圧縮強度 $[N/mm^2]$ | 弾性係数 $[kN/mm^2]$ | 密度* $[Mg/m^3]$ |
|---|---|---|---|
| スギ | 31.7 | 7.6 | 0.32 |
| マツ | 33.1 | 8.3 | 0.35 |
| モミ | 49.6 | 13.8 | 0.48 |
| カエデ | 41.4 | 10.3 | 0.48 |
| カバ | 56.5 | 13.8 | 0.62 |
| オーク | 51.0 | 12.4 | 0.68 |

＊ 密度は含水率 12 % での値。

〔4〕 **クリープ限度**　木構造の設計において問題となる曲げたわみのクリープ量は，作用応力の大きさと載荷継続時間に支配される。クリープたわみがほぼ一定値に収束する最大の応力を**クリープ限度**（creep limit）という。したがって，クリープ限度を超える応力が作用すると，クリープ破壊を起こすことになる。クリープ限度は，おおむね曲げ強度の 1/2 である。

### 6.4.3 耐　久　性

かび，しみ，腐朽などの木材の劣化は，おもに菌類が原因である。木材は菌類の出す酵素によって破壊される。菌類の繁殖には，温度が 10 ～ 30 ℃であり，十分な栄養と水分が供給され，空気が存在するという条件が満足される必要がある。含水率が 20 %以下になると菌類は死滅する。したがって，十分に乾燥された木材や空気が供給されない地下水中の木材などは腐朽しない。

以上のような木材の劣化機構を考慮すると，乾燥した木材を使用する，乾燥状態が保たれるよう構造物を設計する，水と接触する部位では防腐処理を施すなどの方法によって，木材の耐久性を向上させることができることが理解できる。

### 6.4.4 木材の保存法

樹木内部に含まれる油成分や樹脂が防腐作用を発揮する。しかし，一般には耐久性改善のため，表面を塗料で被覆する，炭化させる，薬剤を塗布，浸透，圧入させるなどの処理がなされる。

耐久性改善のための薬剤処理には以下のような方法がある。

① 防水のためコールタール，クレオソートを含浸
② 酸に対する抵抗性向上のためフェノール樹脂溶液を含浸
③ アルカリ溶液に対する抵抗性を改善するためフルフリルアルコール処理
④ モノマー（樹脂）を含浸後，重合

## 6.5　材料強度と許容応力度

日本建築学会の「木質構造設計規準・同解説 — 許容応力度・許容耐力設計法」に規定されている材料強度と許容応力度の概要は，以下のとおりである。

### 6.5.1 材　料　強　度

基準材料強度を次式のように定められている。

## 6.5 材料強度と許容応力度

$$\text{基準材料強度} = \text{劣化影響係数} \times \text{基準強度特性値} \tag{6.2}$$

劣化影響係数の値は，集成材・単板積層材に対して1.0，構造用合板については曲げ強さに対して3/4，圧縮・引張強さに対して6/7である。基準強度特性値は危険率5％の信頼限界値に相当し，材料種別ごとにその値が定められている。

次式に示すように，基準材料強度に寸法効果係数と含水率影響係数を乗じたものが設計用材料強度である。

$$\text{設計用材料強度} = \text{寸法効果係数} \times \text{含水率影響係数} \times \text{基準材料強度} \tag{6.3}$$

ここで，「寸法効果係数」とは，木材が応力を受ける場合，断面の大きな部材の（単位面積当りの）強度が断面の小さな部材の強度に比べて小さくなる傾向を考慮するための係数である。「含水率影響係数」とは，繊維飽和点以下の含水率では木材の強度が含水率の増加に伴って低下することを考慮するための補正係数であり，その値は常時湿潤状態に置かれる環境（使用環境Ⅰ）では0.7，断続的に湿潤状態となる環境（使用環境Ⅱ）では0.8である。

### 6.5.2 許容応力度

基準許容応力度は，基準材料強度に基づいて次式で求められる。

$$\text{基準許容応力度} = \text{安全係数} \times \text{基準化係数} \times \text{基準材料強度} \tag{6.4}$$

ここで，安全係数は2/3であり安全率1.5に相当する。基準化係数は，木材は長期にわたって作用する荷重に対して弱くなる性質があるため，実験により短時間（10分間）で求めた強度を250年間荷重が継続して作用した場合の強度に換算するための係数であり，1/2とされている。

基準許容応力度に，次式に示すような四つの係数を乗じることで，設計用許容応力度が求められる。

$$\text{設計用許容応力度} = \text{荷重継続期間影響係数} \times \text{寸法効果係数} \\ \times \text{システム係数} \times \text{含水率影響係数} \times \text{基準許容応力度} \tag{6.5}$$

ここで，荷重継続期間影響係数は短期（荷重継続期間10分相当），中短期

(同 3 日相当),中長期(同 3 か月相当),長期(同 50 年相当)に対して,それぞれ 2.0, 1.6, 1.43, 1.1 である。システム係数は,床の根太や屋根の垂木など多数本の部材が並列して配置される場合にその効果を考慮するための係数で,床材・野地板の厚さと材のスパンとの組合せにより,1.15〜1.25 の値が定められている。

## 6.6 集成材

**集成材**(glued laminated timber, GLT)とは,ひき板または小角材(これらをラミナという)をその繊維方向をたがいにほぼ平行にして,厚さ,幅および長さ方向に集成したものであり,造作用を目的とした単なる集成材と構造用集成材に大別される。15 %以下の含水率で製造され,ラミナ厚さは 5〜50 mm である。

ラミナにはその長さ方向に縦つぎと呼ばれるジョイントがあり,構造用集成材の多くは垂直型フィンガージョイントを採用している。接着剤(レゾルシノール系樹脂)を塗布し,10 kgf/cm$^2$ 程度の圧力で圧縮して製作される。

集成材の許容応力度も式 (6.2), (6.3) により決定されるが,式 (6.2) 中の $F_{5\%}$ は桁高 30 cm の集成材の平均曲げ強度を統計的に処理して得られる。許容せん断力については,ブロックせん断試験による場合,式 (6.2) の右辺に応力集中係数 1/2 をさらに乗じる。

集成材には強度等級が定められており,曲げヤング係数-曲げ強度の組合せで表わされる。表 6.4 に強度等級の一部を示す。ラミナが同一の等級(ヤング

表 6.4 強度等級の例(同一等級構成集成材,積層数 4 枚以上)

| 強度等級 | 曲げヤング係数 〔N/mm$^2$〕 | | 基準強度 〔N/mm$^2$〕 | | |
|---|---|---|---|---|---|
| | 平均値 | 下限値 | 圧縮 | 引張 | 曲げ |
| E 105-F 345 | 10.5 | 9.0 | 28.1 | 24.5 | 34.5 |
| E 95-F 315 | 9.5 | 8.0 | 26.0 | 22.7 | 31.5 |
| E 85-F 300 | 8.5 | 7.0 | 24.3 | 21.2 | 30.0 |
| E 75-F 270 | 7.5 | 6.5 | 22.3 | 19.4 | 27.0 |

係数で 1～3 等級に分類) から成る集成材を同一等級構成集成材という。なお，許容せん断応力度は樹種群ごとに与えられている。

## 6.7 単板積層材

単板 (ベニヤ (veneer)) の繊維方向をたがいに直角となるよう貼り合わせたものを合板という。板面に平均的に強度を持つため，板としての機能を有するといえる。一方，**図 6.8** に示すように，単板の繊維方向を揃えて貼り合わせたものを**単板積層材** (laminated veneer lumber, LVL) といい，軸方向に強く骨組材 (棒部材) として機能する。貼り合わせる単板の厚さは 2～6 mm 程度であり，積層数は数層から数十層に及ぶものがある。合板，単板積層材ともに，樹皮と中心部を除いて丸太の大部分を利用できる点が最大の利点である。

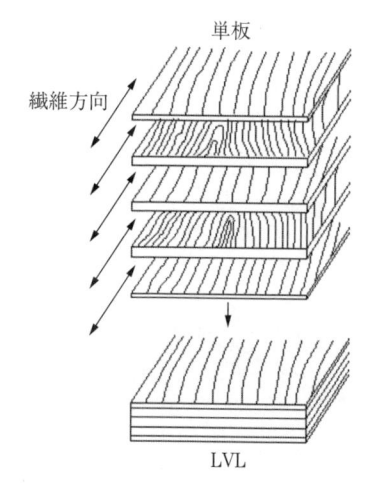

**図 6.8** 単板積層材

単板積層材の特徴として，寸法安定性・寸法精度が高いこと，長尺材が得られること，用途に応じていろいろな寸法の製品を供給できること，防虫・防腐・防火などの処理ができることなどがあげられる。構造用単板積層材では，含水率が 14 % 以下であることのほか，隣接する縦つぎの位置などに制約がある。接着剤は集成材に対するものと基本的に同じである。

単板積層材の製品等級は，表6.4と類似の曲げヤング係数によって区分されており，区分ごとに圧縮，引張および曲げの許容応力度が定められている。せん断強度については，単板の裏割れという単板積層材特有の現象があるため，集成材に比べて若干低いことに注意が必要である。

**演習問題**

〔1〕 製材とその規格について説明せよ。
〔2〕 木材の機械的性質に対する含水率の影響と異方性について説明せよ。
〔3〕 木材の劣化要因とその対策について説明せよ。
〔4〕 木材の材料強度と許容応力度について説明せよ。
〔5〕 集成材の種類とそれぞれの特徴について説明せよ。

# 引用・参考文献

## 2章

1) 土木学会 編：2010年制定コンクリート標準示方書（規準編）
2) 土木学会 編：2007年制定コンクリート標準示方書（設計編）
3) 齋藤庄二 編：コンクリート材料データブック，丸善株式会社（2000）
4) 村田二郎，岩崎訓明 編：新土木実験指導書（コンクリート編）第4版，技報堂出版（2006）
5) 土木学会 編：土木材料実験指導書（2011年改訂版）（2011）
6) （社）日本材料学会編：建設材料実験（2011）
7) （社）日本コンクリート工学協会 編：コンクリート技術の要点2012（2012）
8) （社）日本コンクリート工学協会 編：コンクリート診断技術2001［基礎編］（2001）
9) 吉兼 亨：良いコンクリートの原点，セメントジャーナル社（2004）
10) 宇治公隆：コンクリート構造学，コロナ社（2012）
11) 川村満紀：土木材料学，森北出版（1996）
12) 藤原忠司ほか：コンクリートのはなしI・II，技報堂出版（1999）
13) 小林一輔：コンクリートが危ない，岩波書店（1999）
14) 岩瀬泰己ほか：よくわかるコンクリートの基本としくみ，秀和システム（2010）
15) 国土交通省 編：国土交通白書2012（平成24年度報告書）
16) 建設副産物リサイクル広報推進会議：ホームページ http://www.suishinkaigi.jp/（2013年11月現在）

## 3章

1) （財）川鉄21世紀財団：鉄鋼プロセス工学入門，JFE21世紀財団ホームページ http://www.jfe-21st-cf.or.jp/jpn/index2.html（2013年11月現在）
2) （社）日本鉄鋼連盟：ハツラツ鉄学（パンフレット）（2011）
3) 川村満紀：土木材料学，森北出版（1996）
4) 町田篤彦，関 博，薄木征三，増田陳紀，姫野賢治：大学土木 土木材料，オーム社（1999）

5) 三浦　尚：土木材料学（改訂版），コロナ社（2000）

## 4章

1) 川村満紀：土木材料学，森北出版（1996）
2) 町田篤彦，関　博，薄木征三，増田陳紀，姫野賢治：大学土木　土木材料，オーム社（1999）
3) 三浦　尚：土木材料学（改訂版），コロナ社（2000）

## 5章

1) 川村満紀：土木材料学，森北出版（1996）
2) 町田篤彦，関　博，薄木征三，増田陳紀，姫野賢治：大学土木　土木材料，オーム社（1999）
3) 三浦　尚：土木材料学（改訂版），コロナ社（2000）
4) 日本道路協会：アスファルト舗装要綱（1992）

## 6章

1) 川村満紀：土木材料学，森北出版（1996）
2) 町田篤彦，関　博，薄木征三，増田陳紀，姫野賢治：大学土木　土木材料，オーム社（1999）
3) 三浦　尚：土木材料学（改訂版），コロナ社（2000）
4) 日本建築学会：木質構造設計規準・同解説 ― 許容応力度・許容耐力設計法（2006）

# 演習問題解答

## 1章

以下の該当箇所を参照のこと。
【1】 1.1節箇条書き部分
【2】 1.1節および1.3節
【3】 1.2節〔2〕
【4】 1.3節
【5】 1.4節

## 2章

以下の該当箇所を参照のこと。
【1】 2.2.1項〔2〕,〔3〕
【2】 2.2.4項〔2〕
【3】 2.3.1項
【4】 2.4節を参照のこと（計算の結果，以下の示方配合表（**解表2.1**）が得られる）。

[計算結果]

水セメント比 $W/C = 58\%$

補正後の $s/a = 44.6\%$，　　補正後の $W = 191\,\mathrm{kg}$

単位セメント量 $C = 329\,\mathrm{kg}$,　　単位細骨材量 $S = 764\,\mathrm{kg}$

単位粗骨材量 $G = 996\,\mathrm{kg}$,　　単位AE剤量 $= 0.098\,7\,\mathrm{kg}$

（なお，空気量による $s/a$ の補正量は1%当り0.8とした。）

**解表2.1** 配合計算結果（示方配合表）

| | 粗骨材の最大寸法 〔mm〕 | スランプ 〔cm〕 | 水セメント比 $W/C$ 〔%〕 | 空気量 〔%〕 | 細骨材率 $s/a$ 〔%〕 | 単位量 〔kg/m³〕 | | | | | |
|---|---|---|---|---|---|---|---|---|---|---|---|
| | | | | | | 水 $W$ | セメント $C$ | 混和材 $F$ | 細骨材 $S$ | 粗骨材 $G$ | 混和剤 〔g/m³〕 |
| 単位量 | 20 | 12 | 58 | 4.5 | 44.6 | 191 | 329 | — | 764 | 996 | 98.7 |

【5】 2.5.1項〔4〕,〔5〕
【6】 2.5.9項

## 3章

以下の該当箇所を参照のこと。
- 【1】 3.1節
- 【2】 3.2.1項〔1〕〜〔4〕
- 【3】 3.2.2項〔2〕
- 【4】 3.5.2項
- 【5】 3.6節

## 4章

以下の該当箇所を参照のこと。
- 【1】 4.1節および4.3.1項
- 【2】 4.2節
- 【3】 4.4.1〜4.4.3項
- 【4】 4.6節
- 【5】 4.7節

## 5章

以下の該当箇所を参照のこと。
- 【1】 5.1節, 5.2節
- 【2】 5.3.2項
- 【3】 5.4節
- 【4】 5.5.4項〜5.5.7項
- 【5】 5.6.2項

## 6章

以下の該当箇所を参照のこと。
- 【1】 6.2節
- 【2】 6.4.2項〔1〕,〔2〕
- 【3】 6.4.3項
- 【4】 6.5節
- 【5】 6.6節

# 索引

## 【あ】

アスファルテン
asphalten　144

アスファルト混合物
asphalt mixture　148

アスファルト乳剤
asphalt emulsion　142

アルカリシリカ反応
alkali-silica reaction, ASR　62

アルミナセメント
alumina cement　15

アルミン酸三カルシウム　13

安定性
stability,
soundness　19

## 【い】

板目
slash-cut　159

## 【え】

AE 剤
air entrained agent　28

エコセメント
ecocement　15

エラストマー
elastomer　125

塩害　62

塩化物イオン濃度　62

延性
ductility　5

エントラップドエア
entrapped air　28

エントレインドエア
entrained air　28

## 【お】

応力
stress　4

応力拡大係数
stress intensity factor　92

応力緩和（リラクセーション）試験
stress relaxation test　7

応力-ひずみ曲線
stress-strain curve　55

## 【か】

化学的浸食
chemical attack　63

加工硬化
work hardening　87

硬さ試験
hardness test　7

カットバックアスファルト
cutback asphalt　142

ガラス転移温度　126

ガラス転移点
glass transition point　126

含水率
water content in percentage of total weight　20

乾燥収縮
drying shrinkage　60

## 【き】

偽凝結
false set　18

キャッピング
capping　49

吸水率
water absorption　19

凝結
set　17

## 【く】

クリープ
creep　58

クリープ限度
creep limit　163

クリープ試験
creep test　7

クリンカー
clinker　13

## 【け】

ケイ酸三カルシウム　13

ケイ酸質原料　13

ケイ酸二カルシウム　13

軽量コンクリート
lightweight concrete　65

減水剤
water reducing agent　28

## 【こ】

硬化コンクリート　11

高強度コンクリート
high strength concrete　66

硬材
hard woods　157

高サイクル疲労
high cycle fatigue　6

合成ゴム
synthetic rubber　125

高性能 AE 減水剤
superplasticizer high-range water　28

降伏点
yield point　91

降伏比
yield ratio　92

広葉樹
broad-leaved tree　157

高炉スラグ
　blast-furnace slag　27
高炉セメント
　portland blast-furnace slag cement　14
木　口
　cross-cut　159
骨　材
　aggregate　11, 148
コールドジョイント
　cold joint　29
混合セメント
　blended cement　14
コンシステンシー
　consistency　30
混和剤
　chemical admixture　28
混和材料
　admixture　11

## 【さ】

再結晶
　recrystallization　88
細骨材
　sand　11
細骨材率
　sand aggregate ratio　38
材料分離
　segregation　29
材　齢
　age　46
さ　び
　rust　94
酸化鉄　13

## 【し】

支圧強度
　bearing strength　54
湿潤状態　19
実績率　23
示方配合
　specified mix　20

しぼり
　reduction of area　91
重　合
　polymerization　125
重合体　124
秋　材
　summer wood, fall wood　158
集成材
　glued laminated timber, GLT　166
重量コンクリート　65
瞬　結
　flash setting　17
春　材
　spring wood　158
衝撃試験
　impact test　5
焼　鈍　84
シリカセメント
　silica cement　15
シリカヒューム
　silica fume　27
心　材
　heart wood　157
伸　度
　ductility　147
針入度
　penetration　145
針入度指数
　penetration index, $PI$　145
針葉樹
　needle-leaved tree　157

## 【す】

水中不分離性混和剤　29
水和反応
　hydration reaction　11, 16
スケーリング
　scaling　63
スランプ
　slump　31

スランプフロー
　slump flow　33
すり減り　64
すり減り抵抗性　19

## 【せ】

青熱ぜい性
　blue shortness　88
赤熱ぜい性
　red shortness　88
石灰石
　limestone　13
絶乾状態
　absolute dry condition　19
絶乾密度
　density in oven-dry condition　19
設計基準強度
　specified concrete strength　40
絶対乾燥状態　19
セメント
　cement　11
セメントペースト
　cement paste　11
セメント水比
　cement-water ratio, $C/W$　38
セメント水比則
　cement water ratio law　46
遷移温度
　transition temperature　94
繊維飽和点
　fiber saturation point　161
繊維補強コンクリート
　fiber reinforced concrete　66
繊維補強プラスチック
　fiber reinforced plastics, FRP　126
潜在水硬性
　latent hydraulicity　27
せん断強度
　shear strength　54

# 索引

せん断弾性係数
 shearing modulus 56

## 【そ】

早強ポルトランドセメント 13

相変態
 phase transformation 82

促進剤
 accelerator 29

粗骨材
 gravel 11

そま角
 hewn lumber 159

粗粒率（F.M.） 21

## 【た】

体心立方構造
 body-centered cubic structure 81

耐硫酸塩ポルトランドセメント
 sulfate resisting portland cement 14

耐　力
 proof stress 92

単位水量 38

単位容積質量
 mass of unit volume 23

炭酸化
 carbonation of concrete 61

弾性係数
 modulus of elasticity 4

炭素当量
 carbon equivalent 90

単　板
 veneer 167

単板積層材
 laminated veneer lumber, LVL 167

単量体 124

## 【ち】

遅延剤
 retarder 29

中性化
 neutralization of concrete 61

鋳　鉄
 cast iron 75

中庸熱ポルトランドセメント
 moderate heat portland cement 14

超音波
 ultrasonic 69

超早強ポルトランドセメント
 ultra high-early strength portland cement 14

超速硬セメント
 ultra rapid hardening cement 16

## 【つ】

強　さ 19

## 【て】

低サイクル疲労
 low cycle fatigue 6

低熱ポルトランドセメント 14

鉄
 iron 75

鉄アルミン酸四カルシウム 13

鉄筋コンクリート
 reinforced concrete, RC 11

転　位
 dislocation 83

## 【と】

凍　害
 frost damage 63

動弾性係数
 dynamic elastic modulus 57

特殊セメント 15

## 【な】

軟化点
 softening point 147

軟　材
 soft woods 157

## 【ね】

熱影響部
 heat affected zone, HAZ 88

熱加工制御
 thermo-mechanical control process, TMCP 86

熱可塑性樹脂
 thermoplastic resin 125

熱間加工
 hot working 87

熱硬化性樹脂
 thermosetting resin 125

熱処理
 heat treatment 81

熱膨張係数 11

粘　土
 clay 13

## 【は】

配合強度
 mix proportioning strength 40

配合設計
 mix design 20

鋼
 steel 75

白色セメント
 white cement 15

白熱ぜい性
 white brittleness 88

破断伸び
 elongation 91

## 【ひ】

ひき角
 sawn square wood 159

ひき割り
 scantling 159

ひずみ
 strain 4

| 日本語 | 英語 | 頁 |
|---|---|---|
| ひずみ時効 | strain aging | 88 |
| 引張強度 | tensile strength | 49 |
| 引張試験 | tensile test | 4 |
| 非破壊試験 | non-destructive test | 67 |
| 表乾状態 | saturated surface-dry condition | 20 |
| 表面水 | surface moisture | 20 |
| 表面水率 | | 20 |
| 疲労 | fatigue | 6 |
| 疲労強度 | fatigue strength | 55 |
| 疲労限 | fatigue limit | 94 |
| 疲労試験 | fatigue test | 7 |

**【ふ】**

| | | |
|---|---|---|
| フィニッシャビリティー | finishability | 30 |
| 腐食 | corrosion | 95 |
| 腐食発生限界塩化物イオン濃度 | | 62 |
| 腐食疲労 | corrosion fatigue | 7 |
| 付着強度 | bond strength | 54 |
| 普通ポルトランドセメント | ordinary portland cement | 13 |
| 不動態被膜 | | 61 |
| フライアッシュ | fly ash | 27 |
| フライアッシュセメント | portland fly-ash cement | 15 |
| プラスティシティー | plasticity | 30 |
| プラスティック | plastic | 32 |
| ブリーディング | bleeding | 30 |
| プレストレストコンクリート | pre-stressed concrete, PC | 11 |
| フレッシュコンクリート | fresh concrete | 11 |
| 粉末度 | fineness | 28 |

**【へ】**

| | | |
|---|---|---|
| 平衡状態図 | equilibrium diagram | 82 |
| 辺材 | sap wood | 157 |

**【ほ】**

| | | |
|---|---|---|
| ポアソン比 | Poisson's ratio | 5 |
| 防食 | corrosion protection | 95 |
| 防せい | rust prevention | 95 |
| 膨張コンクリート | expansive concrete | 66 |
| 膨張セメント | expansive cement | 16 |
| 母材原質部 | base metal, BM | 88 |
| ポゾラン | pozzolan | 27 |
| ポップアウト | pop-out | 63 |
| ポリマー | polymer | 124 |
| ポルトランドセメント | portland cement | 13 |
| ボンド部 | bond | 88 |
| ポンパビリティー | pumpability | 31 |

**【ま】**

| | | |
|---|---|---|
| 曲げ強度 | flexural strength, modulus strength | 51 |
| まさ目 | rift-cut, radial-cut | 159 |
| 丸太 | round timber | 159 |

**【み】**

| | | |
|---|---|---|
| 水 | water | 11 |
| 水セメント比 | water-cement ratio, $W/C$ | 37 |
| 水セメント比説 | water cement ratio law | 46 |

**【め】**

| | | |
|---|---|---|
| 面心立方構造 | face-centered cubic structure | 81 |

**【も】**

| | | |
|---|---|---|
| モノマー | monomer | 124 |
| モルタル | mortar | 11 |

**【や】**

| | | |
|---|---|---|
| 焼入れ | quenching | 84 |
| 焼なまし | annealing | 84 |
| 焼ならし | normalizing | 84 |
| 焼戻し | tempering | 84 |

## 【ゆ】

有効吸水率  
  effective absorption　20

## 【よ】

養　生  
  curing　47, 142

溶接金属  
  weld metal, WM,  
  deposit metal, Depo　88

溶接割れ感受性組成  
  cracking parameter of material　90

## 【り】

粒　度　21

粒度曲線　22

## 【れ】

冷間加工  
  cold working　87

レイタンス  
  laitance　26

瀝　青  
  bitumen　138

レディミクストコンクリート  
  ready-mixed concrete　26

錬　鉄  
  wrought iron　75

## 【わ】

ワーカビリティー  
  workability　21, 30

―― 著者略歴 ――

中村　聖三（なかむら　しょうぞう）
1986年　九州大学工学部土木工学科卒業
1988年　九州大学大学院工学研究科修士
　　　　課程修了
1988年　川崎製鉄株式会社勤務
1995年　博士（工学）（九州大学）
1999年　長崎大学助教授
2007年　長崎大学准教授
2010年　長崎大学教授
　　　　現在に至る

奥松　俊博（おくまつ　としひろ）
1990年　長崎大学工学部土木工学科卒業
1992年　長崎大学大学院工学研究科修士
　　　　課程修了
1992年　株式会社フジタ勤務
2002年　長崎大学助手
2008年　長崎大学助教
2008年　博士（工学）（長崎大学）
2009年　長崎大学准教授
　　　　現在に至る

# 土木材料学
Construction Materials for Civil Engineering
Ⓒ Shozo Nakamura, Toshihiro Okumatsu 2013

2014年2月28日　初版第1刷発行

| 検印省略 | 著　者 | 中　村　　聖　　三 |
| | | 奥　松　　俊　　博 |
| | 発行者 | 株式会社　コロナ社 |
| | 代表者 | 牛来真也 |
| | 印刷所 | 新日本印刷株式会社 |

112-0011　東京都文京区千石4-46-10
発行所　株式会社　コロナ社
CORONA PUBLISHING CO., LTD.
Tokyo Japan
振替00140-8-14844・電話(03)3941-3131(代)
ホームページ http://www.coronasha.co.jp

ISBN 978-4-339-05612-9　（森岡）　（製本：愛千製本所）
Printed in Japan

本書のコピー，スキャン，デジタル化等の無断複製・転載は著作権法上での例外を除き禁じられております。購入者以外の第三者による本書の電子データ化及び電子書籍化は，いかなる場合も認めておりません。

落丁・乱丁本はお取替えいたします

# 土木・環境系コアテキストシリーズ

（各巻A5判）

■編集委員長　日下部　治
■編集委員　　小林　潔司・道奥　康治・山本　和夫・依田　照彦

## 共通・基礎科目分野

| 配本順 | | | 頁 | 本体 |
|---|---|---|---|---|
| A-1 （第9回） | 土木・環境系の力学 | 斉木　功 著 | 208 | 2600円 |
| A-2 （第10回） | 土木・環境系の数学 —数学の基礎から計算・情報への応用— | 堀　宗朗／市村　強 共著 | 188 | 2400円 |
| A-3 （第13回） | 土木・環境系の国際人英語 | 井合　進／R. Scott Steedman 共著 | 206 | 2600円 |
| A-4 | 土木・環境系の技術者倫理 | 藤原　章正／木村　定雄 共著 | | |

## 土木材料・構造工学分野

| B-1 （第3回） | 構造力学 | 野村　卓史 著 | 240 | 3000円 |
|---|---|---|---|---|
| B-2 （第19回） | 土木材料学 | 中村　聖三／奥松　俊博 共著 | 192 | 2400円 |
| B-3 （第7回） | コンクリート構造学 | 宇治　公隆 著 | 240 | 3000円 |
| B-4 （第4回） | 鋼構造学 | 舘石　和雄 著 | 240 | 3000円 |
| B-5 | 構造設計論 | 佐藤　尚次／香月　智 共著 | | |

## 地盤工学分野

| C-1 | 応用地質学 | 谷　和夫 著 | | |
|---|---|---|---|---|
| C-2 （第6回） | 地盤力学 | 中野　正樹 著 | 192 | 2400円 |
| C-3 （第2回） | 地盤工学 | 髙橋　章浩 著 | 222 | 2800円 |
| C-4 | 環境地盤工学 | 勝見　武 著 | | |

| 配本順 | | | 頁 | 本体 |
|---|---|---|---|---|

## 水工・水理学分野

| | | | | |
|---|---|---|---|---|
| D-1 (第11回) | 水理学 | 竹原幸生 著 | 204 | 2600円 |
| D-2 (第5回) | 水文学 | 風間 聡 著 | 176 | 2200円 |
| D-3 (第18回) | 河川工学 | 竹林洋史 著 | 200 | 2500円 |
| D-4 (第14回) | 沿岸域工学 | 川崎浩司 著 | 218 | 2800円 |

## 土木計画学・交通工学分野

| | | | | |
|---|---|---|---|---|
| E-1 (第17回) | 土木計画学 | 奥村 誠 著 | 204 | 2600円 |
| E-2 | 都市・地域計画学 | 谷下雅義 著 | 近刊 | |
| E-3 (第12回) | 交通計画学 | 金子雄一郎 著 | 238 | 3000円 |
| E-4 | 景観工学 | 川﨑雅史・久保田善明 共著 | | |
| E-5 (第16回) | 空間情報学 | 須﨑純一・畑山満則 共著 | 236 | 3000円 |
| E-6 (第1回) | プロジェクトマネジメント | 大津宏康 著 | 186 | 2400円 |
| E-7 (第15回) | 公共事業評価のための経済学 | 石倉智樹・横松宗太 共著 | 238 | 2900円 |

## 環境システム分野

| | | | | |
|---|---|---|---|---|
| F-1 | 水環境工学 | 長岡 裕 著 | | |
| F-2 (第8回) | 大気環境工学 | 川上智規 著 | 188 | 2400円 |
| F-3 | 環境生態学 | 西村 修・中田一裕・山野和典 共著 | | |
| F-4 | 廃棄物管理学 | 島岡隆行・中山裕文 共著 | | |
| F-5 | 環境法政策学 | 織 朱實 著 | | |

定価は本体価格+税です。
定価は変更されることがありますのでご了承下さい。

図書目録進呈◆